PSYCHOANALYSIS
TECHNOLOGY COURSE

梅兰妮·克莱因
的七堂精神分析课

［英］梅兰妮·克莱因 著
冀晖 译

北京理工大学出版社
BEIJING INSTITUTE OF TECHNOLOGY PRESS

版权专有 侵权必究

图书在版编目（CIP）数据

梅兰妮·克莱因的七堂精神分析课/（英）梅兰妮·克莱因著；冀晖译. —北京：北京理工大学出版社，2020.9（2024.6重印）

ISBN 978-7-5682-8777-7

Ⅰ．①梅… Ⅱ．①梅… ②冀… Ⅲ．①精神分析 Ⅳ．① B841

中国版本图书馆 CIP 数据核字（2020）第 133102 号

责任编辑：宋成成　　**文案编辑**：宋成成
责任校对：周瑞红　　**责任印制**：施胜娟

出版发行 / 北京理工大学出版社有限责任公司
社　　址 / 北京市丰台区四合庄路6号
邮　　编 / 100070
电　　话 /（010）68944451（大众售后服务热线）
　　　　　　（010）68912824（大众售后服务热线）
网　　址 / http://www.bitpress.com.cn

版 印 次 / 2024年6月第1版第2次印刷
印　　刷 / 天津明都商贸有限公司
开　　本 / 880 mm × 1230 mm　1/32
印　　张 / 6.5
字　　数 / 91千字
定　　价 / 58.00元

图书出现印装质量问题，请拨打售后服务热线，负责调换

目 录
CONTENTS

第一课
精神分析技术原理

精神分析态度 / 003

如何控制权力欲与优越感 / 006

弗洛伊德的发现——移情 / 007

诱惑理论的修订及其对精神分析技术的影响 / 009

移情对精神分析技术的影响 / 012

两个基本原理：移情和对潜意识的认知 / 013

移情植根在过去，行之于当下 / 014

正移情与负移情：对精神分析师的爱与恨 / 018

痛苦、负罪与焦虑是与我们称之为"爱"的客体之间复杂关系的一部分 / 019

爱中藏恨，恨中藏爱 / 020

理论对精神分析技术的影响：弗洛伊德关于潜意识负罪感和超我理论的发现 / 022

未能将超我理论与精神分析技术联系起来 / 023

对超我的理解及其对精神分析技术的影响 / 025

严重超我的来源 / 027

第二课
移情情境的各个方面

爱与恨的分布 / 032

超我在移情中的复杂性 / 034

移情情境也会影响精神分析的开始 / 036

与B先生在一起很普通的第一个小时：他恐惧产生依赖 / 038

移情中特别情境的解决 / 040

当B先生遇见另一位受治者时，特别情境得以解除 / 041

一般性解释并无太多帮助 / 043

在精神分析过程中，移情情境渗透到受治者的整个实际生活中 / 046

精神分析过程重点A女士和便宜衣服 / 047

B太太及其仇恨从精神分析师移情至他人 / 048

第三课
移情与阐释

寻找幻想同受治者过去与现在经历之间的联系 / 055

反向移情的若干方面及精神分析的态度 / 057

"那么，阐释是什么？它如何运作？" / 061

精神分析阐释与催眠建议之间的对比 / 063

对心理现实的否定以及对内部和外部客体的控制 / 064

阐释被认为是危险的或有帮助的 / 066

关于早期焦虑状况和防御的新工作 / 068

分析儿童内心深处的焦虑：约翰和狮子 / 069

通过分析负移情释放出的爱的感觉 / 073

第四课
移情与阐释的临床病例

关于B先生的更详细的临床材料讨论 / 079

第二个小时的联想总结 / 096

第五课

体验与幻想

D先生的临床材料 / 107

讨论 / 119

第六课

怨恨分析

攻击与焦虑之间联系的重要性 / 138

通过阐释建立联系 / 139

在最大紧急情况下进行阐释 / 140

移情阐释与额外移情的话语关系 / 143

精神分析过程并非仅通过阐释来进行，某些时候精神分析师将需要将它与移情相联系 / 146

精神分析师面对潜意识的能力 / 148

自我分析和局限性意识 / 149

分析师的日常生活 / 150

第七课
1958年精神分析技术研讨会

1. 您能谈谈过去40年中精神分析技术发生的变化吗？ / 154

2. 初步面谈的指导原则是什么？ / 162

3. 对于如何应对受治者的沉默，您有何看法？ / 163

4. 伊莎贝尔·孟席斯和斯坦利·利提出的关于反向移情的其他问题 / 167

5. 您在什么情况下会支持精神分析师提出问题？ / 175

6. 精神分析师是否应指出受治者似乎错误地认识到的事实情况？ / 176

7. 关于间隔期间的反向移情的进一步讨论 / 177

8. 您能讨论链接的所有问题吗？ / 182

9. 您认为弗洛伊德的自由流动注意力是什么意思？ / 187

10. 您在多大程度上主张在阐释中使用反向移情？ / 188

11. 您能否对精神分析师进行投射识别的主观经验说些什么？ / 189

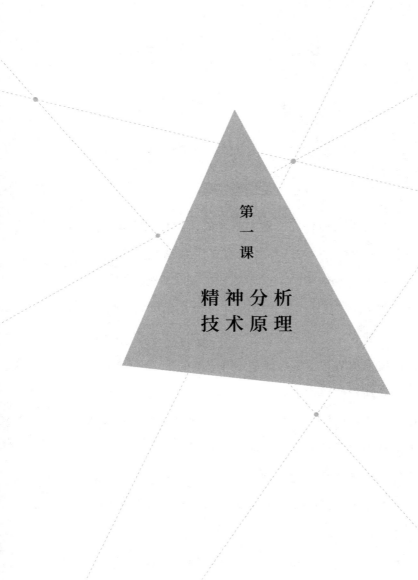

第一课

精神分析技术原理

在讨论精神分析技术实践之前，我想阐明几个主要问题。我认为，只有明确定义了那些关键性的原则，有关技术细节的讨论才能真正富有成效。因此，这一课在探讨技术细节的同时，旨在阐明和举例论证那些我视之为精神分析技术和理论之基础的主要原理。技术细节与主要原理是不可分割的。

启动我们研究的最佳方式始终是开始精神分析工作——第一次接触受治者。以一个神经官能症不太严重并且很快开始向我们介绍自己的受治者为例，我们能从中得到什么？他所说的大多都是重要的，然而，由于我们无法即时接收并记录所有内容，因此很快开始选择材料。通过这种选择，我们知道，我们是受自身关于心灵活动的知识指导的——精神分析师根据自

第一课
精神分析技术原理

己的分析获得这种知识，现在正将其应用于另外一个人。但是，这些知识指导我们走向何方？精神分析师是否会不自觉地根据材料对受治者精神特质或自身精神特质的重要性来对材料做出取舍？由于我们是以自身心灵做中介来审视他人心灵，显而易见，这种取舍在很大程度上——虽非全部——取决于我们着手工作时的心态。当然，这对你来说并不新鲜，但是在我看来，这些众所周知的事实的全部含义值得仔细考虑。

精神分析态度

我们先来考察一下精神分析师的工作心态，就是所谓精神分析态度。假如我们试图定义这种态度，那么很快就会发现，无论是多么详尽的描述，都必然是枯燥无味的，并且要使这一概念变为现实，必须像其他事物的运行过程那样，将其付诸实践。这一点，我们只有在以后研究精神分析技术时才能做到。目前，我只会论及这种态度的几个特征。

关于精神分析态度，首要的是将我们的全部兴趣集中在一个目标上，即对这个人的思想的探索，而这个人暂时已经成为我们关注的焦点。相应地，其他一切，包括我们自己的个人感受，都暂时不再重要。如果探索的强烈欲望与求真（无论这种真为何物）的坚定愿望相结合，并且焦虑不会对其造成太大干扰，我们应该能够不受干扰地注意到受治者展现给我们的心理状况，也不被我们工作的最终目的——治愈受治者——影响。我们只有不给受治者贴上这样或那样的标签（或者说过早地想搞明白病例的结构），不在接近受治者时通过预先设想的计划来指导他（尝试从他身上引起某种反应），才算做好了一步步了解受治者一切的准备。不过，我们也由此处于最佳位置，可以不把任何东西视为理所当然，可以重新发现或修订之前的精神分析教条。

这种相当好奇的心态，热切同时又耐心，独立于主体同时又完全融入主体，显然是在各不相同（间有矛盾）的偏好与心理驱动力之间取得平衡的结果，是我们头脑中几个不同区域之间合作的结果。原因在

第一课
精神分析技术原理

于，尽管我们准备将受治者呈现给我们的内心解读为某种新东西，并无拘无束地对其做出回应，但是，我们的知识和经验仍然起着作用。毫无疑问，我们的批判能力始终保持着活跃，但实际上，它已经退到了后台，在我们的潜意识与受治者的潜意识之间建立联系留出了空间。精神分析师在有意识和潜意识之间的这种协调，也反映了他对智力和情感之间的良好平衡能力。

如果到目前为止，关于精神分析态度，我传达出的信息给人留下毫无情感、机械生硬的印象，那么我应该赶快予以纠正。情感丰富、情绪高涨的精神分析师即使能够很好地控制自身的情感和情绪，也必须将受治者作为一个人来接近和理解。如果精神分析师着手像摆弄一件有趣而复杂的机器似的探索受治者的内心，那么他将不会进行富有成效的分析工作——尽管他坚强而真诚地希望了解事实。这种基本愿望只有与对受治者的良好态度相结合才能实现。我所说的"良好态度"不仅是人类的友好情感和对人的仁慈态度，而且还意味着对人的思想和总体上的人格的深刻而真实的尊重。

如何控制权力欲与优越感

如果我们发现自己拥有并可以使用奇妙而独特的工具来获得我们分析所拥有的思维的能力，就容易产生权力欲和优越感。但是，如果我们彻底意识到，没有什么比对人类心灵的探索和理解更为复杂和艰巨的任务，权力欲和优越感就将得到控制。无论我们对人类心灵的运作有多少了解，我们也都清楚这样一个事实（这会令我们保持怀疑和谦虚的态度）：了解另一个人整体性格的确切信息是极其困难的。我们可以思考一下，我们对离自己最近的人有多少了解：我们了解父母、兄弟姐妹和其他近亲以及密友吗？在认识他们多年之后，我们有没有对他们的某些行为和反应感到惊讶？我们能不能认识到，在对自认为非常了解的人的判断上，我们犯过严重错误？还有，更进一步说，无论我们学会了多少有关自己的知识，我们是不是有时仍然会对意外情况下自身的某些反应感到惊讶？

对心灵和人性的运作保持基本尊重，隐含在对律法和经济的所有真实洞察中，也深藏着对我们自身局限性的真正认识。但同时，这也是真正相信精神分析的疗愈力量的唯一基础。

这种谦卑而自信的精神是抵御权力欲与优越感、抵御寻求快速或神奇结论的任何偏好——必然会使工作朝错误方向发展的偏好，例如，试图让受治者成为我们希望的样子，或通过打动、宽慰、安抚他甚至让步于他，从而让他容易感到满意，等等——的最佳保障。

弗洛伊德的发现——移情

在对精神分析态度做出一些一般性阐释之后，我接下来将更详细地考察与这种态度紧密相关的现象，即移情。

值得一提的是，精神分析在理论和技术上的发展，很大程度上依赖于弗洛伊德对移情的发现。首先，正如你们所知，弗洛伊德与布洛伊尔合作使用了催眠和宣泄疗法，其目的是使受治者发泄因某些经历而受到抑制的情绪。当他发现性欲是神经官能症的部分病因时，他放弃了催眠和宣泄疗法，并改变了精神分析技术。还有另一个结论促成了这一变化。弗洛伊德在他的自传中提到这样一个病例（1925年，第27页），一位女性受治者非常顺从地接受了宣泄疗法，但在宣泄之后从催眠状态中醒来时，她用双臂抱住了弗洛伊德的脖子。尽管这一特定案例的治疗未继续下去，但这一观察结果以及其他观察结果使弗洛伊德意识到，受治者同医生的个人情感关系比宣泄疗法更有效。对受治者与医生之间情感关系的重要性的早期了解是他发现移情的基础。基于这种认识和前面提到的理论发现，他放弃催眠和宣泄疗法，提出了自由联想技术，当然，后来的发展方式并非完全如此。潜意识已经在宣泄疗法中发挥了一定作用，但是他只有在放弃宣泄疗法后，才开始认真对待潜意识。

第一课
精神分析技术原理

通过改变精神分析技术，1895—1900年，弗洛伊德发现了抗拒，发现了压抑，发现了存于受治者内心的愿望幻想。

诱惑理论的修订及其对精神分析技术的影响

这些发现是精神分析技术进步的结果，同时再次促进了精神分析技术的发展。其中的一个例子就是愿望幻想。首先，正如弗洛伊德所说，他犯了一个错误，就是将受治者向他讲述的性经验（如被强奸或诱奸等）完全当真。他很快认识到事实并非如此：那些讲述远非仅仅是谎言，是基于一种特殊性质的愿望，这种愿望导致受治者发展出一种特殊幻想。可以想象，在与受治者打交道时，这种认识对他的态度产生了决定性影响。举例来说，分析师的某种怀疑可能与他试图将某种真实事物联系在一起的尝试有关，毕竟他一定会对此有所怀疑，但当他意识到幻想在某种意义上是真实的时，怀疑消失了，这对精神分析工作具有最重要的价值。弗洛伊德本人揭示出的，正是这些发现，以及——我认为更重要的——由这些发现带来的他对精神分析技术的改变。由此，他全面发现了婴幼儿性欲的存在，并再向前迈进一步，全面认识到俄狄浦斯情境的重要性。

我主张，人们有理由认为这些发现肯定再次对精神分析技术产生了巨大的影响。受治者出于某种原因而恨自己的父亲，并且这种恨必定会在他与分析师产生联系的特殊背景下出现，这种认知当然与对移情不断增进的理解紧密相关，必然引起分析师对这些感受和情境的不同反应，从而不仅影响其所表达的真实性，而且影响其如何表达。反过来，这使分析师能够发现越来越多关于俄狄浦斯情境的细节，由此掌握有关它的知识。

我之前提到过，对移情的日益了解为分析师带来了另一种反应。我将举一些实例来说明，在对移情产生新认识之前，分析师即使有耐心和理解力，对受治者的仇恨、指责等的反应与现在相比，也有不同。现在，他理解了移情，因为他认为这种感觉是

第一课
精神分析技术原理

移情的必然结果。这影响了分析师的反向移情,并使得通过理解和尊重移情现象而忍受负移情的可能性更高。

对我们来说,移情是一个非常熟悉的概念,很难想象曾经有一段时间人们对此一无所知。众所周知,弗洛伊德和布洛伊尔(1893)最初通力合作,共同撰写了关于歇斯底里的研究。正如弗洛伊德后来总结的那样,布洛伊尔退出了他们的共同工作,因为他注意到受治者爱上了自己。但是,弗洛伊德很快就意识到,这种感觉实际上并非他个人独有的。如果人们意识到以前从未弄清楚过这样的事实,那似乎是很令人兴奋的,不过他并没有能够认识到这一点。

我之前提到过弗洛伊德的受治者,她从催眠状态中醒来后,就用手臂抱住了弗洛伊德的脖子。他似乎一下子就猜出这些爱意是有特殊原因的,与他没有特别的关联。他在自传中说:"我很有自知之明,没有将这件事归因于我自己不可抗拒的个人魅力,我觉得我现在已经掌握了在催眠背后起作用的神秘元素的本质。"(1925年,第27页)在谈及让他放弃催眠的原因时，他提出了两个主要看法，即使是在开展宣泄疗法过程中也是如此：（1）一旦受治者和医生的私人关系受到干扰，就无法得到最佳结果；（2）受治者用手臂抱住他的现象让他得出了关于移情性质的结论。后来，人们意识到，这两个放弃催眠的原因显然是紧密联系在一起的。它们表明，他已经对移情有了一些认识。

移情对精神分析技术的影响

在弗洛伊德看来，移情是一种对苏醒的婴幼儿时期感受的复现。接下来，他要在精神分析技术中运用它，从而理解它。当然，他之所以只能看到这一点，是因为他虽然已经对潜意识有了更多的认知，但另一方面，当他发现婴幼儿时期感受在移情中所起的作用时，就将其作为更全面理解潜意识和初为人知的婴幼儿性欲的方式。从他在《精神分析运动史》（1914年）、《弗洛伊德自传》（1925）和其他著作中的叙述可以推断出，在这些作品中，对移情的认知已经一遍又一遍地深入潜意识。

两个基本原理：移情和对潜意识的认知

对移情的认知是我们的"钥匙"，每当我们用这种方法接近受治者的内心时，潜意识就会向我们敞开。但是，我们还必须谨记，一定要一以贯之。根据我的经验，精神分析工作中最重要的是分析潜意识。这种分析是基于对潜意识的发现而建立的，我们对整体性格的了解也是出于我们对潜意识运作的理解。如果我们意识到潜意识实际上控制着我们，我们也将能够探索和充分理解它。这将是本课程的主要目标之一，让大家看到，移情情境和对潜意识的探索应当是不断指导我们的精神分析技术的两个基础，并且它们实际上是相互联系的。我们不仅通过分析移情情境来研究潜意识，而且通过对移情情境的真正理解和正确处理来研究它。这种正确处理意味着对潜意识的真正了解，并且是以潜意识为基础的。

这就是当有人问起精神分析与其他心理治疗方法之间的显著区别是什么时，我倾向于将精神分析称为移情情境分析概念，并在工作中运用这种理解方式。人们可以进一步发现，将如何完整理解移情情境和如何正确处理移情情境作为精神分析工作质量的重要标准。

移情植根在过去，行之于当下

弗洛伊德在《歇斯底里案例分析的片段》（1905年，116页）中如此定义移情情境：

> 移情是什么？移情是心理倾向的新版本（或称复本），是在精神分析过程中被唤醒的、被意识到的幻想。它具有这样的特性，一种可据以分类的特性，即用医生取代某些早期遇到的人。换句话说，整个一系列心理

第一课
精神分析技术原理

经验的苏醒,并不属于过去,而是在当下适用于医生。

这一定义完美地描绘了这种非同寻常现象的一个基本面向。受治者经历的所有与精神分析师有关的感受与幻想,都植根于他的过去,并集中于精神分析师身上。这一事实可以说构成了移情情境的框架。

现在我们讨论移情现象的产生和发展。我们知道,最早的客体关系以一种或另一种方式影响所有后来的关系,个体将他的早期感受和幻想移情到新客体上,并且倾向于在整个生命中重复某些早期情况。我们的所有受治者的经历都证实了这一点。从神经官能症受治者身上(精神病受治者更是如此),通常可以清楚地观察到,他们的人际关系与少数固定类型相联系,既有他们视为客体的人,又有他们做出反应的情况,以及他们表达自身爱或恨、厌恶或焦虑感受的方面:实际上,这是源于幼儿期的典型人物和情境。在这些情形下,通常还存在数量有限的特定情形,这些情形会一遍又一遍地复现。不过,普通个体一般拥有良好的人际关系，他们的生活似乎并不被强迫复现某些情形所支配。人们在分析中发现，尽管他们的生活范围更广，但他们在一定程度上也受到源于幼儿期的人物、情境和行为模式约束，这些模式会影响他们的人际关系以及生活经验。

这些与移情有关的事实只有通过研究早期客体关系的性质才能完全理解。在此，我只能这样总结我们的认识，即从一开始，爱与恨都与同一个客体有关。母亲（及其乳房和乳汁），在她带来沮丧的同时，她是第一个被爱的客体，也是第一个被恨的客体，因此，爱和对报复的恐惧都与她有关。接着，我们将这个被渴望又被爱慕、被憎恨又被恐惧的母亲分成好母亲与坏母亲。但是，头脑中也存在着一种强烈的趋向，那就是将这两个母亲再次融合在一起，并通过在某种程度上将坏母亲与好母亲相结合并做出妥协来修正坏母亲。因此，我们继续分析下去，甚至在某种程度上再次经历生存、分裂和结合。我们做的所有这些，首先与我们的主要客体——真正的父母亲——有关，部分与我们的"内在客体"——父母亲等在我们

第一课
精神分析技术原理

脑海中、想象中的形象——有关。

由于上述原因，以及其他原因，个体中存在一种强烈的倾向，即将某些人物外在化和内部化，并将他的爱、他的负罪感、他的复归倾向施于某些人，将他的憎恨、他的厌恶、他的焦虑施于其他人，从而在其外部世界为他的想象找寻不同的代表，因为只有这样才能够不断缓解压力。这些机制是客体关系发展的基础，也是移情现象的基础。

对精神分析师的移情与其他关系中显示的移情有所不同。在精神分析过程中，精神分析的设定既会增强受治者移情的冲动，又会将围绕精神分析师的感受具体化，移情从而更强烈而清晰地表现出来。但是，一旦这种情况发生，就意味着精神分析情境已经建立，精神分析师将取代原始客体，而受治者将通过运用与原始情境相同的机制处理与精神分析师相关的感受和冲突。但是，移情是旧情境的激发，而并不仅仅是旧情境的复苏。新的情境（与精神分析师有关）是非常真实的，而且远非偶然。潜意识的冲突总是存在的。它们可以被大大强化，但实际上从未失去作用。

正移情与负移情：对精神分析师的爱与恨

从对移情现象的一般性思考过渡到对其特殊性的认知，我将首先讨论受治者对精神分析师的爱与恨，即受治者的正移情与负移情。同样，在此，我们可以感知同一个人的两种情境。

多年来，正移情较之负移情受到更多关注。负移情对治疗的重要性尚未得到足够的研究和认识。例如，从过去普遍观点来看，某些类型的受治者无法进行精神分析，因为他们无法发展出移情，而这主要是他们缺乏正移情。

近年来，通过研究攻击冲动和幻想（主要在英国）——基于幼儿精神分析——得出的结论，对负移情的评估发生了根本性的变化。也许不可避免的是，由于认识到早期虐待狂倾向和幻想对于精神障碍的根本重要性，对治疗中的负移情分析会暂时导致忽视正移情。实际上，近年来，这种趋势在一些精神分析师中已经非常明显，有时似乎除了仇恨和攻击之外没有太多需要分析的东西。

  我们是否可以由此得出结论，在攻击冲动上所做的工作导致对负移情重要性的高估？我对这个问题的回答很可能是"不"。我认为，公平看待正移情和负移情的困难并不是由于高估了两者，而是由于对正负移情之间最深层联系的理解不足。在成功发现人心灵的最深层之前，这方面的正确观点，即关于人类思维运作和人格发展的正确观点，是无法获得的。如果更加认真地思考过去的正移情概念，我们会发现，它几乎完全与性本能冲动有关。但是，如果试图定义我们最近的正移情概念，则将面临一种极为复杂的情况。只有依据我们对攻击冲动、负罪感以及与性本能冲动相结合的补偿倾向的了解，才能理解这种情况。

痛苦、负罪与焦虑是与我们称之为"爱"的客体之间复杂关系的一部分

  所有爱的感觉都始于性本能冲动，特别是对母亲

（她的乳房）的性本能依恋，始于成长一开始，仇恨和攻击就很活跃，并伴随着强烈的性本能驱动。当婴儿能够感知并接纳整个母亲，并且对乳房的性本能依恋逐渐演变为对她的爱时，他便被最矛盾的情感所俘获。我认为，当婴儿在一定程度上意识到自己所爱的对象与他憎恶、攻击以及不断攻击（在自身无法控制的施虐快感与癖好中）的对象相同时，他会感到痛苦、负罪与焦虑。这种痛苦、负罪和焦虑是与我们称之为"爱"的客体之间复杂关系的一部分。正是在这些冲突中，寻求补偿的动力产生了，这不仅是升华作用的有力动机，而且还是爱的情感所固有的，在质和量上都产生影响。

爱中藏恨，恨中藏爱

正如我所建议的那样，如果我们将爱与恨之间的这些最早的冲突置于成长的中心位置，那么我们将对正移情和负移情之间根深蒂固的联系有更全面的了

第一课
精神分析技术原理

解。为了摆脱无法承受的痛苦、负罪和焦虑的负担，这种负担与内在和外在的被爱及濒危客体相关联，自我试图抽身并拒绝从其中选择自身所爱，因为其痛苦的部分正是其爱的结果。一种值得注意的方式是强化仇恨和对事物的不满，即加强投射机制。经验告诉我，我们无法判断任何人身上存在的爱或恨的程度，除非我们理解了爱是如何被恨所掩盖的，以及对这种恨的反应是如何形成的。

对于恨被爱所掩盖的事实（所谓的过度补偿），精神分析一直以来都给予了很多关注。然而，直到最近，人们还没有充分理解隐藏在恨中的爱的全部核心意义及其概念。你们现在已经明白我的意思了，更好地理解攻击冲动和幻想使我们能够理解爱与恨，从而全面理解正移情和负移情。因为只有在了解爱与恨的早期相互作用以及造成仇恨、焦虑、负罪感和攻击性之间恶性循环的关系时，我们才能清楚地了解爱与恨。

我发现，了解爱与恨之间的最早联系对于全面了解移情情况及其在分析工作中的广泛应用至关重要。

因此，在接下来的两节演讲中，我将首先讨论这个问题，以处理移情情况的各个方面。

理论对精神分析技术的影响：弗洛伊德关于潜意识负罪感和超我理论的发现

只有从长远来看有助于精神技术的发展，理论贡献才有价值。我认为一种精神分析技术只要能够与理论保持同步就可以稳步发展。但是，在我看来，现在到了无法维持理论与技术之间这种紧密联系的地步。奇怪的是，这是自弗洛伊德以来最广泛的发现之一，注定对精神分析的进一步发展具有最大的推动力。我指的是弗洛伊德发现的潜意识负罪感，这一观念很快就发展成为超我理论（弗洛伊德，1916年，1920年，1923年）。

大约在同一时间，卡尔·亚伯拉罕在他的《关于力比多的发展的简短研究》（1924年）中证实和补充了弗洛伊德的发现。除此之外，亚伯拉罕在理解口唇施虐及其所称早期肛门施虐期的新贡献中,向探索心灵最深处方面迈出了一大步。回首过往,可以看到,这些发现开启了精神分析历史的新纪元。这些发现所产生的新认知将指导我们今后许多年的工作,不过其结果尚待评估。

未能将超我理论与精神分析技术联系起来

尽管这些发现非常重要,但我认为,通常来说,它们多年来没有对精神分析技术以及治疗进展产生足够的影响。随后出现的关于超我的文献实际上与精神分析技术无关。另外,在这些发现之后不久出现的有关精神分析技术的著作显然也与这些发现无关。

我认为,这些著作并没有受到弗洛伊德伟大发现的影响,但是这种影响已经从这些发现所引起的压倒性问题上转开了,甚至往相反方向发展。

例如,我正在研究两种类型和主题截然不同的著作:奥托·兰克和山多尔·费伦茨的书《精神分析的发展目标》以及弗朗茨·亚历山大的论文《对心理治疗过程的一种元心理学描述》。它们都是在1924年发表的，因此是在弗洛伊德的《自我与本我》出版后不久，也比《超越快乐原则》晚了若干年。

兰克与费伦茨撰写的关于精神分析技术的书并未将弗洛伊德的新发现应用到实践中，而是建议在其他方面修正精神分析技术。例如，他们非常强调精神疏泄作为精神分析治疗中必不可少媒介的重要性。我认为，这摆脱了超我问题，因此可以追溯到旧有的宣泄疗法。亚历山大以弗洛伊德的新作品为基础，提出了彻底废除超我的建议，指出应该通过精神分析把自我置于能够承担超我所有职能的位置。这是一个相当投机的想法，并未从实际工作中有机地发展出来，没有促进精神分析技术的发展，也没有以任何方式影响精神分析技术。这种理论只是没能从实际工作中有机发展出来的几种理论中的一种。对亚历山大来说，废除超我似乎是可取的。在另一些情况下，这种可能性也引发了人们的忧虑，即道德可能被大大削弱。也有人担心，特别是在儿童中，超我可能会被精神分析所削弱。

对超我的理解及其对精神分析技术的影响

的确，人们会认为，弗洛伊德发现超我需要花费很长时间才能完成。但是，这种同化过程不只是取决于时间。弗洛伊德关于超我的定义是对父母提出的要求和禁忌，这开辟了新的途径，导致人们无法探索的心灵的深度和根源。但是，只要不进一步深入探索，就无法充分吸收和利用这一重大发现。

现在，通过更好地了解超我的结构，我们看到它的核心是由一种非常原始类型的形象构成的，这些形象——贪婪、施虐的可怕形象——活跃在婴儿的意识中。但是，当我们深入潜意识以发现这些潜意识时，也发现了相反类型的形象，乐善好施、予人宽慰，作为"善"的客体为我们所了解，并且活跃在成长早期。

你们接下来会明白，我为什么一直在谈论十多年前发生因此现在看来可能并不十分重要的事情。但是，我们当中那些看到了这些事态发展并观察到其后续影响或无影响的人，可以判断其价值并得出产生其原因的结论。因此，这样的经历是有益的，因为在精神分析中，这种趋势会不断地从潜意识中消失，而我们每个人都应该警惕他们。

在英国，关于超我起源的研究已更进了一步，并且在儿童精神分析中的发现在成人精神分析中也得到了证实和发展。但是，这方面所做的工作主要限于英国，不过，毫无疑问，不同国家的个别精神分析师已经部分接纳了我们的某些结论，或者受到了这些结论的影响。就整个精神分析运动而言，可以说，超我理论在弗洛伊德最初的基本发现之外并没有取得多少进展。在我看来，这就是为什么这些发现没有被充分吸收的原因，或者反之亦然。

此外，我认为，这种情况不仅具有阻止精神分析技术进一步发展的作用，甚至在一定程度上破坏了精神分析技术的基础。众所周知，我们的工作具有特殊性。任何使我们在潜意识中受到深深震撼的事物，也必然以一种或另一种方式影响我们的工作，或者向前推动，或者向后推动。换句话说，我们的工作对此并不反对。以我的观察，应该说，许多精神分析师做得更好，更成功，而且显然是以坚定的立场——只要这种分析主要关注的是俄狄浦斯情境以及受治者与亲生父母和外部父母的关系。

我当然必须立即对这种说法做出限定，因为如果客观地比较发现超我之前和现在就我们所知的状态下进行治疗的可能性，那么两次都采用最好的标准，对我们的治疗能力已经大大提高这一点就无法怀疑——无论是现在可以治疗的病例类型还是在任何情况下都可以实现的状况改善。但是，这仅在新知识得到充分吸收的情况下才适用。

严重超我的来源

在批评和告诫一个人的过程中，那些令人恐惧的声音很容易激起我们自己的焦虑，因此不会改善我们的工作，而是干扰它。当然，有些人可以部分利用这些知识。但这也有其危险性。例如，发现亲生父母的严厉带来了超我的严厉，这就为严厉教养的危害性提供了一个全新的视角。但是，因为只有超我起源的这一个方面被考虑过，而孩子在生活中的幻想和内在心理过程在这方面的重要性总的来说还没有被理解，从这部分知识中得出的一些结论不仅是片面的，而且实际上是错误的。因为，可以得出的结论是，患有严重超我症状的受治者不可能通过分析治愈。严厉超我被认为是真正严厉的父母造成的，由于过去的事情无法挽回，在某些方面，对具有严重超我症状的受治者的预测非常悲观。

　　例如，我认识柏林的一位著名精神分析师，他在大约六年前的一次讲座中坚持认为，有着非常严厉成长背景的人无法成为精神分析师。显然，这种悲观的观点也必然对精神分析技术产生不利影响。如果能够理解超我的残酷性很大程度上源于孩子生活中的幻想，并且这种幻想与内在心理过程有关，那么治疗的预后效果自然会好得多。

第一课
精神分析技术原理

由于新知识没有被充分吸收,这引起了各种困难和疑虑,对许多人来说,也使得对精神分析工作的满意度降低了。在我看来,正是这种本质性的怀疑和对工作的不满,在很大程度上产生了修正精神分析技术的建议。正如我之前指出的那样,这些建议正在摆脱新的、令人头疼的问题。

我一直在谈论,与精神分析技术有关的超我的发现,其本质是由于这项工作并未触及新知识已抵达的潜意识深处,因此阻碍了精神分析技术的发展。我要强调的是,我们的目标应该是对潜意识做尽可能全面的探索。我们实现这一目标的方法是对移情情境的理解和处理。

你们一定记得,我之前曾提到,弗洛伊德观察到受治者与医生之间情感关系的重要性,是迈向发现移情的第一步。然而,部分原因是这种观察促使他阐释了他的自由联想技术,这实际上是精神分析技术的开始。因此,通过某种方式,他对移情的理解有助于引发精神分析技术的变化。

第二课

移情情境的各个方面

爱与恨的分布

在上一讲的后半部分，我介绍了移情现象的起源。我试图展示它与最早客体关系之间的联系，包括爱、恨、负罪感和焦虑，所有这些都与一个相同的真实客体有关，首先是母亲。针对这些客体的感受混合而成的冲突和痛苦的感觉，已很快成为一种内部客体，这是个人从根本上趋向于将某些人物外在化的一个重要原因。这样，他就可以将自己的爱、负罪感以及限制性倾向传播给某些人，对这些人的憎恨、厌恶、焦虑，并为他在外部世界中的形象找到不同的代表，因为这样可以使得自己稳定地释放压力。

这些机制是客体关系发展的基础，也是移情现象

第二课
移情情境的各个方面

的最底层。我得出的结论是，如果我们将这些最早的爱恨冲突置于成长的中心位置，我们将对正负移情之间根深蒂固的联系有更全面的了解。只有理解爱与恨的早期相互作用，以及造成仇恨、焦虑、负罪感和攻击性之间恶性循环的因素，我们才能清楚地理解爱与恨。

弗洛伊德本人确实提出了矛盾的概念，其中爱与恨指向同一个对象，但我认为，矛盾并不能解决这些情感在其深层互动中的复杂性问题。本课程也会对此进行描述，我将在最后一次讲座上涉及。

如果我们的工作深入人的心灵，我们就会了解从爱转变为仇恨和恐惧之迅速，反之亦然。这在最典型的潜意识过程（梦）中最为明显。在通过移情情境进行探索并始终牢记潜意识和移情情境在各个方面的波动关系过程中，我们可以观察到潜意识和幻想是如何产生和发展的。这受到来自现实以及不受现实影响的修正。这种有意识和潜意识过程之间、幻想和对现实的感知之间的持续互动，在移情情境中得到充分表达。在此，我们看到了环境是如何从真实的体验转变为幻想情境的，是如何从外部环境转变为内部情况（即客体世界感觉是建立在内部的）又回到外部环境的，以及这可能是现实的还是幻想的。这种往复运动是从其抽离和复归的深度中获得力量和强度的，它与精神分析师所代表的真实与幻想、外部人物与内在人物之间的互换联系在一起。

精神分析师可以代表孩子早期环境中的亲生父母或其他人，这早就为人所知，但有时候他也被赋予了超我的部分，而在其他时候则被赋予了受治者本我的部分。但是，这种情况再次比通常认为的更为复杂和微妙〔注意：实例来自我的论文《儿童游戏中的拟人化》（克莱因，1929年）〕。

超我在移情中的复杂性

我们必须记住，鉴于在英国研究出的新知识，超我不仅是父母的本性，而且还包括在心理成长的不同阶段发展起来的性质迥异的各种形象。如果我们说精

第二课
移情情境的各个方面

神分析师扮演着超我的角色，那么在受治者的脑海中，他在何时扮演着如此广泛的角色？我们看到，精神分析师可能会从一个时刻变成另一个时刻，从善良的人物变成危险的迫害者，从内在人物变成真实的人。以我建议的方式看待超我的结构，我们能够在移情中发现精神分析师在受治者心目中扮演的角色之间的细微区别，并且我们可以观察到从一个到另一个的非常迅速的变化。

另一方面，在谈到受治者过去遇到的真实人物时，精神分析师认为，我们再次面临着复杂的局面。对于真实人物的图片，让我们说出受治者牢记的父亲以及他刚刚与精神分析师重现的关系，这并非精确的表述，而是由于投射机制和变化而通过理想化发生了扭曲。在此，我们在分析中谈到现实和幻想的重要问题。我们不能像现在这样将幻想与现实各置一段，因为幻想中存在着太多的现实，而现实中也有着太多的幻想。没有一种情况，也没有一种我们在分析过程中会想到经验，可以与认识到这种经验及其早期客体活跃在人们脑海中的幻象分开。另一方面，每个幻想都与发展和现实早期所经历的经验有关，外部刺激促进了幻想的建立。只有通过分析移情情境才能揭示出现实和幻想相互融合的程度，因此，我们能够从真实和幻想中发现过去。

移情情境也会影响精神分析的开始

以弗洛伊德定义的移情现象的基本面向为出发点，我们能够逐步发现更多的事实。我相信，受治者进入精神分析室后所产生的思维与移情情境都有一定的联系。正如我们之前所讨论的那样，众所周知，受治者在其一生中一直处于潜意识状态，是在督促找出某些情况，使他可以一遍又一遍地重复早期的感受和幻想。很自然，当他与精神分析师联系并开始治疗时，他应该在失去知觉的情况下重温这些重要情境中的一个或另一个。

任何受治者的治疗要求首先都表达了他希望得到改善的愿望，无论他觉得自己错在哪里，是内心深

第二课
移情情境的各个方面

处,还是他的缺点、危险等等。其次,与精神分析师的谈话可以表明受治者一生中一直在等待(参见后文B先生的实例)。再次,这可以代表他对婴儿行为和幻想的判断,从他最早降生的日子开始,他就迫在眉睫地感到需要判断,等等。顺便说一句,我们发现在每种情境下都可以肯定,开始治疗,甚至事先与精神分析师讨论,都被潜意识认为是一种古老的重要情境的复苏。此外,我们发现,无论因为何种有理性、有意识的原因而接受治疗,受治者总会有潜意识的动机促使他这样做,有时性质迥然不同。这些动机植根于早期感觉和幻想,向精神分析师提供了从分析之初就代表他的人物模式。

你们可能已经注意到,当我谈到受治者进入分析室后立即进入移情情境时,我默认了一些情境,这些情境甚至在触及精神分析师之前就可以恢复,因此可以设定移情感受。

与B先生在一起很普通的第一个小时：他恐惧产生依赖

为了说明特殊情境和移情感受之间的联系，即一系列特殊情况，我在此举一个与受治者一起度过一个很普通的第一小时的实例。

受治者B先生首先谈到了他希望治愈的一两种症状，然后是关于妻子对他的照顾不够的抱怨。这也是与他母亲有关的一句话，虽然他实际上并不喜欢，但由于最近对他的照顾太多了而感到厌倦。他说我的讲话方式使他想起了他的母亲，他母亲不是英国人。然后他继续告诉我，他因上大学而离家时非常高兴，因为他的母亲让他变得过于依赖。他感到非常疲倦，因为他急于离开以进行精神分析。然后他说看见我的脸一下就让他想起了自己的母亲。他想知道，自己在精神分析过后是不是会在商务约会上迟到（实际上，没有理由对此表示怀疑，因为在他的精神分析和约会之间有足够的时间）。

第二课
移情情境的各个方面

我向他指出，被赶去进行分析的感觉和对被任命迟到的焦虑似乎都表达了摆脱我和精神分析的愿望。他提到我使他想起了他的母亲，并说他的母亲使他过分依赖，所以摆脱她是一件好事。我向他建议，他似乎觉得分析会使他变得依赖，而且他很着急，因为他认为我可能会让他违背他的意愿进行分析。

受治者同意了这一点，并说当他提到他认为可能会迟到的约会时，他感到他实际上想离开我。他完全不愿意被女性进行分析，但出于各种原因，他决定这样做。但是他不想和我谈论这个。

在此，我们应该注意到感情与一种特定的外部状况之间的联系，即与他的母亲有关的一种联系。在精神分析的情境下，这种母亲恢复了特定的不信任感，害怕被剥夺自由和依赖，原本感到与他的母亲有关，但现在在与精神分析师的关系方面经验丰富。当前的特殊情况是由于他独自一人和我一起在房间里，我照顾他，帮助他，或者从另一个角度来看，控制他，使他依赖我而造成的。

我可以补充一点，这第一个小时为对他的精神分析开了一个令人满意的头。值得一提的是，依赖的焦虑在移情的第一个小时就出现了，事实证明对他的神经官能症最重要。

移情中特别情境的解决

尽管我们习惯于从移情的角度进行思考，但我相信我们应该清楚一点，即精神分析师所代表的人物总是属于幻想中的特定情境，这只是通过考虑在这些情况下，我们可以理解转移给分析师的感受的本质和内容。这意味着我们应该始终尝试了解在此特定时刻潜意识对受治者意味着什么的分析。在我们意识到这一点（只有通过了解潜意识才能做到）之前，我们才能发现过去经历过类似情境。

我所说的不只是早期历史，而是受治者生命中任何时候甚至最近发生的情况。尽管我们当然是针对此的，但我们不能指望可以追溯到早期历史，但是在走向早期历史的过程中，我们应该收集从受治者人

第二课
移情情境的各个方面

生的任何时期中可能发现的任何历史或其他资料。我在这里要强调的是，我们通过将这两件事保持在移情中——即感受和发生的特别情境——来找到自己的路。这些感受将是我们试图理解的情况的线索，而特别情境——这些感觉发生的环境——将帮助我们发现移情。

当B先生遇见另一位受治者时，特别情境得以解除

我在上面指出的观点不仅适用于精神分析的开始，而且适用于精神分析的每个阶段。例如，经过很长时间的精神分析，我刚才提到的同一位受治者一天开始以一种相当消极的心情开始工作。由于我工作时间的重新安排，他现在有时会在我家遇到一个男性受治者，他正要离开而又不喜欢后者。碰面似乎消解了他的安全感，引发了他嫉妒和焦虑。从进一步的交往中可以看出，在去见我的路上，他碰巧分别遇到了

两个人，一男一女，都是他不喜欢的人。从他对这个说法的措辞方式上，无论是对他还是对我，都非常清楚，他相信我已经神奇地安排了那些他不喜欢的人与他相遇。我的被迫害焦虑在该分析中起了重要作用，但在此阶段已大大减轻，我暂时成为了主要的保护者。

现在变得很清楚，这只是部分正确的事实，而且受治者现在正在以各种方式尝试避免任何可能使我显得咄咄逼人的刺激。当然，他之所以能够做到这一点，是由于信任和信念的普遍提高，这正使我理想化。当他觉得我似乎已经施展手段安排他与这些他不喜欢的人见面时，我们开始以全新的视角看待迫害的整个状况——当时的精神分析对他来说是这样，即我与不喜欢的人在一起。他现在感觉到我正在抛弃他，并且背叛了他的精神分析细节，特别是对他怀疑与我联系更紧密的那位男性受治者。

当然，我们在这里发现的情况是一种幻觉，但是这种情况一生中一直困扰着受治者。由于他的被迫害妄想，老师和考官很容易就为他扮演了迫害者的角

第二课
移情情境的各个方面

色。从移情的情况来看,就像往常一样,我们回到了他童年时代的真实情况,那时他的母亲实际上向他的老师和父亲告了他的状。他总是怀疑,部分是出于善的理由,她会和父亲谈论他,并让他受到惩罚等等(父亲实际上经常这样做)。

一般性解释并无太多帮助

如果我只是向受治者指出他对我不信任,那将不会很有帮助。实际上,他刚开始就感到烦恼。但是这些烦恼的感觉导致与特别情境有关的不信任感被发现,这种情况在他的一生中都以各种方式反复出现。在这种情况下,我们还看到了逼真的幻想境遇与他在儿童早期的真实经历相混淆,即他的母亲与父亲站在一起批评他并使他感到艰难的经历。现在,这些真正的"不良"经历对受治者的影响已经确定,而且总是如此,因为他的被迫害妄想与他早期的攻击性幻想联系在一起,必将增加他的恐惧感。只有通过分析他的早期幻想与现实经验的互动，而这些经验又易于确认并增加这些幻想，我们才能在精神分析中取得进步。

后来，事实证明，他的母亲实际上对他和他早年崇拜的父亲怀有敌意。事实上，当他被要求干预孩子的教育时，他的父亲表现得很残酷。他不会试着去理解，但是在母亲抱怨孩子之后，父亲会打他。然后，母亲会后悔，但在其他情况下，她会再次要求父亲的干涉。直到很久以后，受治者的动机才更加明显。现在有趣的是，尽管他脑子里有这么糟糕的父母形象，但后来，当他在某种程度上修正了对这些形象的幻想时，他仍然可以更好地理解人们在某些方面的真正动机。这是真的。在我看来，这是一个真实的实例，即我们无法发现真实的情况，与幻境分离，但是如果我们在这一点上不是教条主义的话，我们将能够理解真实的和幻象的要素。

我们在精神分析中不断发现幻象与现实之间的相互作用，并且可以一遍又一遍地看到与真实经验和真实人物相关联的幻想如何改变和扭曲了现实的概念，

第二课
移情情境的各个方面

以及受治者心目中的画面如何无论是过去还是现在，真实的人和他的真实经验都会在分析过程中改变受治者的想法。但是，真实经验与幻想情境之间的联系是我将在以后的讲座中详细讨论的主题。

精神分析实践中的这些材料说明了我的观点，即移情应该引导我们发现它们原本与之相关的情况。但是，当然可以逆转这一实例。如果受治者没有特殊的外部原因使我感到烦恼或不信任，也就是说，如果他这次没有与其他受治者见面，那么他仍然会因遇到他不喜欢的人而产生受迫害的感觉。这是他对待我的方式。

分析这些受迫害的感受，也应该导致发现我被指责安排了这种迫害，从而使他完全不信任我。这将使我们回到他的幻想生活和实际经历中的前迫害情况，并最终使我们回到他的母亲感到不满的早期经历，并且更深入地了解与实际迫害有关的他的幻想。当然，在很多情况下，我们一开始并不能很清楚地了解彼此之间的移情或早期情况。但是，如果我们牢记这种紧密联系存在的事实，我们很可能会发现两者。

在精神分析过程中，移情情境渗透到受治者的整个实际生活中

你们要记住，在我看来，移情情境从精神分析的一开始就存在。但我走得更远，并指出，根据我的经验，移情情境会在精神分析过程中渗透到受治者的整个实际生活中。当我讨论早期对象虚假现象的基础过程时，正如我所建议的那样，还讨论了移情现象。我指出，一旦确定了精神分析情况，精神分析师就会取代原始客体，而受治者会再次处理该问题。他在原始情况下所使用的防御措施使人们恢复了感情和冲突。因此，在相对于精神分析师重复和解放他的一些早期感觉和幻想时，他又将其他人从他身上转移到不同的人和处境。实际上，他将情感从精神分析师转移给了其他人。结果是移情现象部分地从精神分析中转移出来并显示在精神分析外面。换句话说，受治者正在"行动"。

众所周知的事实是，受治者往往在开始精神分析

第二课
移情情境的各个方面

后不久便寻找新的爱慕对象，或者与已经拥有的对象建立更好的关系，因此有时可能会给人以错误的印象，即他们很快就会康复。

精神分析过程重点A女士和便宜衣服

例如，一位发展出非常强烈的正移情的女性受治者告诉我，在周末，尽管她不需要一件衣服，但还是去了一家商店，买了衣服，因为她看到了便宜的广告。她一点都不喜欢这件最终找到的昂贵衣服，真的不想买，但无法抵挡女售货员的推销。她真正害怕的那个女售货员代表我，还有便宜的衣服来进行分析，受治者希望它比实际的便宜。她对女售货员的关系表达了她对我和精神分析的批评、怀疑与焦虑，当时由于对我的积极感受而受到强烈压制。即精神分析师和精神分析的爱与恨，怀疑和批评，以及赞赏和感激，可能会由于他们引起的焦虑和冲突而变得与他人和事物联系在一起。

B太太及其仇恨从精神分析师移情至他人

B太太与另一位女性发生争吵。这名女性由于某些原因在她内部引起了强烈的竞争感。这也发生在一个周末。受治者的仇恨是如此强烈,以至于她有谋杀这个女性的幻想。尽管她对与这位可恨的女人有关的这些幻想并不感到有负罪感,但在这个周末,她感到非常不快和焦虑。通过精神分析,我们发现了与我的整个竞争局面,对我的仇恨和谋杀冲动已经移情到了这个女人身上,以摆脱爱与恨之间的冲突,以及由此造成的摧毁和失去我的罪恶感及焦虑感。她渴望保持对我的正移情在很大程度上取决于失去我的"善"客体(她当时唯一的支持者)的强烈焦虑。但是她将仇恨移情给另一个人的努力并不成功,因为潜意识中她自己正在幻想中摧毁了我,这导致了严重的焦虑和负罪感。

受治者应该将某些移情感受和表现延续到日常生活中的另一个重要原因是,他实际上一天只花了一个

第二课
移情情境的各个方面

小时让精神分析师为他服务,因此试图为他的其他地方寻求挫折补偿。由于这个原因,这个小孩子和其他孩子一样被剥夺了母亲并求助于护士时,也求助于幻想人物。成人也被剥夺了精神分析师的能力,在一些受治者主要是幻想人物的情况下,他们也变成了真实的人和经验。

众所周知,精神分析工作在分析时间之间的潜意识中进行。我们从梦中非常清楚地看到了这一点,我认为,梦与眼下的移情情境总是有联系的。不仅如此,在离开精神分析室的二十三小时内,受治者在日常生活中的行为,对人的态度,无论他的行为、思想和感觉如何,都与精神分析师的挚爱和关怀息息相关——包括仇恨对象和某些影响移情的情况。这个事实也证明了这一点,根据我的经验,可以定期观察到,每次潜意识内容进行的每个分析会话都在上一会话终止的地方继续进行。确实,受治者经常会产生看起来完全不同的关联,并且与上一小时的关联内容相去甚远。他的交往可能已经完全改变了。他可能使我们处于沮丧的状态,并以一种自信的心情回来。他可能因为他的心情或需要帮助而希望我们能承受，但下次又充满了挑衅的心情。或者，受治者可能忘记了过去一个小时的谈话内容以及我们的所有解释，并且表现得好像完全没有任何价值。显然，这些部分是对精神分析师前一天离开的挫败感的反应，代表了对焦虑的辩护并没有得到充分解决。但是，如果我们分析这些反应并了解哪些外部刺激或经验是导致这种姿态变化的原因，我们总是会发现，两个小时的材料中存在明确的顺序，并且其中的情感之间有着深远的联系。我认为，当我们面对一个我们不太了解的情绪状况时，应当问问自己，与最后一个小时或之前几个小时的工作如何联系，从而尝试在我们的思想中建立联系，这是最有帮助的连续性。

这同样适用于一小时的材料本身。我认为必须牢记自己过去一直叫我自己贯穿一小时的线索，该线索解释情绪态度的变化以及联想的突然变化，而这可能会被相当大的干扰打断。这需要长时间休息。的确，我只是在强调一条古老的规则，即联想之间潜意识的联系，但我认为牢记一点是很重要的：无论我们听到

第二课
移情情境的各个方面

的联想有多合理,尽管受治者可能只讨论似乎与潜意识没有太多联系的实际事件,但总会发现一条潜意识的线索将它们联系在一起,以及与前面工作的材料联系在一起。

第三课

移情与阐释

在继续讨论今晚讲座的主题,即阐释之前,我将讨论移情的其他方面。在我的上一讲中,我建议在精神分析过程中,将移情情境渗透到受治者的整个生命中。若果真如此,为了理解移情的所有方面,我们必须在开展精神分析时考虑受治者在移情时的整个实际生活及其幻想。为什么在分析中我们应该尽可能多地了解受治者的生活,这是一个原因,也是非常重要的一个原因。但是,我们这种尝试常常会因以下事实而受挫,即移情现象背后的相同机制和过程是受治者暂时不让我们知道他的真实生活的部分原因,同时也是他能告诉我们更多他的幻想的原因。

精神分析师不应将受治者倾向于隐瞒某些事实和经验的倾向视为一种障碍。的确,这通常是抵抗的信号,也是受治者防御的一部分。如果精神分析师将某些受治者的这种倾向理解为移情情境中固有的现象,并且作为对受治者的心理状况具有重要价值的防御机制的体现,那么他就会避免强迫受治者。有些受治者的反应也是如此,这些受治者会告诉我们所有他们的实际生活,甚至过去的一些经历,但是,意识和潜意识都会阻止我们接近他们的幻想。所以,精神分析师必须牢记:隐瞒材料、幻想或有关现实生活的信息是明显焦虑的征兆,在焦虑减轻、受治者能描述其精神生活各方面之前,任何精神分析都不能被认为是高级的。

寻找幻想同受治者过去与现在经历之间的联系

上述情况使我想到了另一个重要的观点。一些人强烈认为,在充分掌握受治者的过去和现在的现实之前,不要去管受治者的幻觉,过早地分析幻觉,或者在某个特定的时间分析幻觉,这可能会导致精神分析师与受治者的现实失去联系,并导致不同类型的严重干扰:我发现这种焦虑是一种精神分析上的恐惧。

当我们要分析幻想时,在我们对现实有足够的把握之前,有多少幻想只取决于一个因素,即呈现材料的紧迫性,这一点我们将在后面详细讨论。我指的是焦虑,明显的和潜在的。在分析幻想时,不管是在哪个阶段,重要的是精神分析师是否能够找到它们以及受治者过去和现在经历之间的联系。但是,在现实生活和他们被压抑的幻想之间建立联系也同样重要,有些受治者会给出非常准确的描述。或者,精神分析师可能对受治者的病史有如此强烈和独特的兴趣,以至于他无法建立与现在生活以及幻想生活的联系。我们需要考虑在正确的时间建立这些联系以及其他联系,从而能够对材料的紧迫性做出充分的判断。这是事实,对精神分析师来说,这是一个完美的建议,是关于实现目标的迫切需要。但是,如果我们以这样或那样的方式丢掉了联系,我们必须在另一个小时内注意建立它们。重要的是,这也是精神分析师必要态度的一部分,当一个人犯了错误时,他应该意识到并努力

第三课
移情与阐释

改正。我从我自己的工作和我当老师的经历中知道了这一点。在大多数情况下，在和我的年轻同事一起检查材料时，我们都发现了没有解释的紧急材料和没有建立的联系，这种遗漏可以在接下来的几个小时内得以纠正。

如何建立联系的问题将在以后的课程中困扰我们，我将在其中进行解释。但这也与今晚的话题密切相关。为了使这些联系（我认为在治疗结果中起着重要作用），我们必须从所有方面了解移情。只有在我们了解潜意识及其与移情情境的相互作用的情况下，我们才能做到这一点。

反向移情的若干方面及精神分析的态度

你们应当记得，在我的第一堂课中，我提到了精神分析态度的一些特征。分离与响应相结合；渴望发现全部真理，并有能力承受一切。要维持这些态度，精神分析师必须真正尊重心灵的运作，尤其是要有足够强大的定力来检查对力量和其他倾向的冲动,这些冲动会打扰他一心一意的注意力。我认为所有这些特征能够全面研究移情情境和潜意识在不断互动中的条件。但是,应当指出精神分析师的态度的另外两个方面,特别是需要有想象力的头脑以及具有灵活性和多功能性的能力。受治者的幻想以各种表达方式和循环话语出现在移情中,因此精神分析师需要相应的多功能性和想象力才能跟随它们。但是,这种对人类真正感兴趣的基础的多功能性和响应能力只是许多治疗程序所依赖的高度重要现象的一部分,即精神分析师的反向移情。在本课程中,不可能对这个主题的重要性做出公正的评价,但是我觉得我至少要提到反向移情的几个方面,因为反向移情在精神分析情境中起着非常重要的作用。尽管移情程度较小,并且受各种因素影响而保持平衡,但作为移情基础的相同过程也决定了反向移情。精神分析师与受治者的关系在一定程度上也受其早期客体关系的影响。

　　受治者的意象和友善识别的范围越广,精神分

第三课
移情与阐释

析师就越有能力理解各种人并容忍他们的困境和焦虑。用意象表示我的所有过去和现在的客体关系，这些客体关系已经内在化，并为他丰富的感情和同情的反应扩展了宽度和深度。换句话说，生活经验以及以与各种人实现良好接触的一般方式增加了他的人性、幽默感、超然性和他的个性财富，用梅里狄斯的话来说就是，"辽阔如牧场上的一千头牛"。我认为所有这些在精神分析师的工作中起着重要的作用。在实验室环境中进行精神分析是不可能的。正如我在第一课中已经强调过的那样，只有精神分析师充分活出自己的感情，工作才会富有成果。受治者可能会向精神分析师表示出父母、兄弟、姐妹以及其他以往关系的重复，并且他也被识别出来。正是因为如此，精神分析师才能够理解和应对受治者的移情。但是受治者对他不要太过分；他既不能依赖受治者，也不能依赖其工作的成功。也就是说，精神分析师的意象在他的脑海中不能太重要，也不能被他的感情所左右。然后，他将能够为他的受治者充分利用它们。

正如我在第一讲中所强调的那样，精神分析师不仅能够承受受治者的负移情，而且能够充分发挥其作用。这首先取决于他对移情情境及其背后的心理过程的真正理解；但它也与他的反向移情密切相关。如果受治者对他意味着太多，如果他（受治者）在精神分析师的脑海中过分强烈地唤醒了过去的意象，则受治者的消极情绪必然引起精神分析师的痛苦、愤怒或悲伤，即使他们可能会受到控制，并干涉他的工作。如果受治者对他来说意义太大，那么精神分析师将无法再以正确的精神，即以人与人的精神接受受治者赋予他的消极、批评、指责等角色。要进行友善的理解，而不是冷漠甚至鄙视。如果精神分析师的内在感过强，受治者的批评或指责（特别是如果在精神分析师看来他们有一定理由的话）将对他造成不适当的影响，从而使精神分析师难以令人满意地处理负移情。因此，精神分析师不应该过多地担心内在，这是他令人满意的反向移情的一部分。

移情和反向移情：在此又存在一种相互作用。在这种相互作用中，精神分析师的潜意识会密切跟踪受

第三课
移情与阐释

治者的潜意识,直到某个点。但是就在这一点上(精神分析师的关键才能表明了这一点),他有意识的心灵起了主导作用,并防止了这种入侵改变工作的方向和进度。

"那么,阐释是什么?它如何运作?"

我们对潜意识和移情的探索,对它们的相互作用以及移情不同方面的理解的讨论导致了所有这些人找到表达的重要手段,即阐释。另一方面,正是这种阐释使我们能够进一步了解这些过程。尽管显而易见的是,阐释是我们精神分析技术中最强大的工具以及执行治疗的手段,但令人奇怪的是,这种阐释直到最近才得到加强。

斯特拉奇在其题为《精神分析治疗作用的性质》的论文中,通过以下方式描述了对"阐释"的一般态度:

> 那么，阐释是什么？它如何运作？我们对此知之甚少，但这并不能阻止人们普遍相信其作为工具的卓越功效：必须承认，阐释具有魔法工具的许多特性。当然，许多受治者都这样认为。
>
> （斯特拉奇，1934年，第141页）

如果精神分析可以在分析师的脑海中假设出一种善恶的法宝，那么我完全同意斯特拉奇先生的看法，即可以用这种方式感觉到这种法宝，那么对于我们所有人来说，发现某些更深层次的原因至关重要。这样的感觉，你们一定记得，在上一堂课的结尾，我指出精神分析师的关键才能在某个时候控制了他的潜意识，这种意识一直密切关注受治者的潜意识。但是，精神分析师对分析情境的指导当然意味着不仅要控制自己的潜意识，而且还要根据受治者的心理过程采取重要的行动。这些是通过阐释来进行的，这些阐释一次又一次地指导工作。

第三课
移情与阐释

精神分析阐释与催眠建议之间的对比

我将在后面更详细地讨论正确阐释的过程以及在此过程中受治者头脑中发生的变化。但在此，我只想简单地指出，它通过启动确定的过程在小范围内改变了思想的运作方式，分析师应该暂时允许他们按照自己的方式行事。詹姆斯·斯特拉奇称其为一种变异解释，通过启动他认为是精神分析疗法的精髓的一系列事件来影响受治者的确定变化。

让我们将这些动作与催眠程序进行比较。弗洛伊德在其《群体心理学》（1921）中，讨论了催眠和暗示的本质，得出的结论是，催眠师和使用暗示的人已经取代了受试者的自我理想。催眠师扮演的角色是一个非常强大的超我，也许有人会说他对受治者的整体思维有无所不能的控制。

众所周知，弗洛伊德不久就放弃了这种万能控制方法来治疗受治者。我不会在这里详细讨论他的天才特质，这使他如他所说的那样能够认真对待"处于潜意识的人"。在这方面，我只想提醒你们，他坚定地渴望发现真理，他在追求真理时无所畏惧，并且在处理思想上不受万能的感觉所控制。弗洛伊德只能研究潜意识的本质并加以探索，因为他可以接受潜意识。因此，他进一步找到了应对受治者心灵的方法，并帮助其摆脱了万能的控制。与非精神分析程序相反，精神分析中实现治疗结果的方式与精神分析方法非常有关，其特点是精神分析师启动了受治者大脑中的过程，从而改变了神经性恶性循环。我非常想强调这一点。在所有其他心理治疗方法中，医生试图或多或少地控制潜意识，我认为部分是为了防御自己对潜意识的焦虑。的确，对潜意识的知识不足会引起它引起的焦虑感，但也确实如此：焦虑抑制了潜意识的探索，甚至可能导致对潜意识的完全否定。

对心理现实的否定以及对内部和外部客体的控制

我可能提醒你们，在我看来，以及在我的一些英

第三课
移情与阐释

国同事中,否认心理现实是抵御焦虑的一种非常基本的方法,这种方法始于生命的头几个月。在个人发展的后期出现的另一种基本防御机制是承担对内部和外部客体以及客体感觉和倾向的控制。这些基本的抗焦虑措施在以后的生活中也很重要,并且在确定对潜意识的态度时也非常重要,潜意识显然使人感到敬畏和恐惧,或者直到那个时候才被弗洛伊德发现。由于这些焦虑,它不得不被否认。刚才提到的第二种防御机制是客体及其感觉控制在除精神分析之外的所有心理治疗方法中都起的作用。正如我所建议的,所有这些都在不同程度上显示出一种控制受治者思想,实际上控制其潜意识的倾向。

所有这一切都与分析师对阐释的态度有特殊的关系,因为我认为完全阐释是精神分析程序最完整的表达方式和作用方式。除了潜意识的普遍焦虑外,精神分析师通常会在他即将做出阐释时感到焦虑,即受治者的敌意现在将有意识地针对他。这正是正确的移情解释的目的所在,因为它应该释放出对精神分析师的大量内在冲动。

阐释被认为是危险的或有帮助的

如果认为潜意识具有某种威胁性质，并且认为受治者的焦虑和攻击对受治者和精神分析师都具有危险，那么精神分析师在做出阐释时可能会觉得自己已经设定了一个目标。另一个可能出现的极端情况是，阐释非常神奇，这似乎源于我对催眠所描述的对潜意识的态度。的确，我们的受治者有强烈的倾向，这可能会鼓励精神分析师同时采用这两种态度。有时候，他们觉得自己的阐释或者实际上是对他们的思想的任何影响都是令人恐惧的攻击，有时他们渴望催眠，催眠如此重要，完全让自己屈服于强大而神奇的超我。但是，如果精神分析师不受我刚才讨论的这些因素的影响，那么他将能够看到自己和受治者心目中的实际情况，并判断阐释的真实效果。这样一来，既不会感到后者十分危险，也不会提供任何魔法帮助。但是，每个阐释都是很重要的。一个错误的阐释，甚至是一个不完整的阐释，都可能激起焦虑。如果精神

第三课
移情与阐释

分析师不完全遵循错误的思路，正如我在另一种观点中指出的那样，他通常可以纠正他的错误。另一方面，从良好的意义上讲，一个单一的阐释也永远不会产生如此出色的效果。斯特拉奇在他的论文中定义了他所说的变异解释，并强调它的特征之一是它所隐含的所有操作本质上都是小规模进行的。他说："变异阐释不可避免地受最小剂量原则的支配"（1937，第144页）。一种阐释，尤其是将已经跟进到一定程度的多个线索联系起来的阐释，有时可能会产生深远的影响。但是，这种影响并没有什么神奇的，因为它是先前大量工作的结果，现在只添加了一些缺失的环节。

综上所述，如果精神分析师对心灵的工作持有根本的尊重，只有当他精通大脑的动态和结构时，他才能拥有这种思维，然后，他会对通过阐释的方式为心理事件的方向进行某些改变而充满信心。

关于早期焦虑状况和防御的新工作

我之前曾说过,近年来,人们对阐释的态度发生了很大变化。这意味着我们的阐释方法和整个精神分析技术领域都在发生重大变化。这些变化是针对早期焦虑状况和防御的最新工作的直接结果。以前的观点是,焦虑感如果很强烈的话,应该不予理会。就精神病学和边缘案件而言,该规则相当明确。然而,众所周知,人们不应该忽视正移情的迹象,因为存在焦虑积聚和受治者中断分析的危险。对焦虑的这种单方面态度可以用以下事实来解释:在过去的几年中,对性本能冲动和正移情的研究与关注多于负移情。然而,强烈的焦虑与负移情和激进的冲动密切相关,而在人们对这种焦虑所产生的更深层次的大脑知之甚少的时候,这并不能得到妥当的解决。

现在我们知道,我们必须注意观察并理解潜在的焦虑表现出来的迹象。必须谨慎处理焦虑的旧观点仍然有效,改变了我们的应对方式。焦虑与具有爆炸性

第三课
移情与阐释

的材料相当。但是，由于它们的组成是众所周知的并且可以计算出它们的作用，因此少量具有爆炸性的材料只能有利地用于各种目的。通过类似的方式，我们现在能够通过对焦虑的内容和表现的了解来释放少量焦虑，从而防止危险的积累。

通过阐释解决一定数量的焦虑时，心灵中正在发生什么变化？现在我要谈谈我针对儿童开展工作的情况，因为在这个领域，人们对深层焦虑有了更多的了解，并且开发了一种通过阐释来解决它的特殊精神分析技术。这也极大地影响了对英国成年人使用的精神分析技术。

分析儿童内心深处的焦虑：约翰和狮子

接下来，我将举一个简单的例子，同一个名为约翰的5岁男孩受治者玩的游戏。在这个游戏中，精神分析师被安排扮演雌狮的角色，而其他时候，孩子本人则扮演狮子。当约翰是狮子时，精神分析师必须躺在沙发上假装入睡。入夜,约翰(狮子)会攻击精神分析师并吞噬她。我的解释是,孩子实际上害怕被吃掉,并且因为他自己作为游戏中的狮子想吃掉我,他也害怕这样做。不过更重要的是,他是一个婴儿时想进入母亲就寝的房间,并把她吃掉。这些愿望回到更远的时候,表现为在他出现喂养沮丧时,他希望吞噬母亲的乳房。

这种阐释的作用是使孩子此刻更加恐惧,但是很快他变得友好和信任,并开始玩另一种非常友好的游戏。在他看来,精神分析师现在变成了一个友好的对象。这种解释引起了他的注意:(a)精神分析师代表着野蛮的超我的事实;(b)与之相关的所有焦虑,以及(c)对精神分析师(最终对他的母亲)的虐待狂幻想。这是精神分析师被认为是野蛮人物的原因。

在讨论这种焦虑被解决时孩子头脑中正在发生的变化之前,我想提出一些理论上的建议。一般来说,阐释解决焦虑的效果是使无意识的东西变得有意识。我相信这个过程伴随着受治者对与阐释相关的特殊精

第三课
移情与阐释

神现实的认识。这种认识甚至可能是走向意识的第一步。为了更清楚地说明这一点，我们应该记住，正如我之前所说的，否认精神现实是抵御焦虑的最早和最重要的方法之一。

这种阐释的一个重要作用是消除否认的辩护，并使自我面对头脑中某些部分实际上正在发生的情况，例如，敌对冲动本身，吞噬的欲望及其所针对的客体——在这种情况下是吞噬精神分析师。精神现实的另一个非常重要的部分是受治者在接受了这种解释后所面临的，那就是他对自己无法控制的虐待和贪婪以及随之而来的灾难的焦虑。根据我的经验，这种焦虑是非常重要的，对它的防御在自我组织中起着重要的作用。

回到我的实例。通过我的阐释，孩子的脑海中正在发生另一种变化，即导致孩子的幻想和对我是母狮的恐惧的投射机制不再起作用。因此，狮子解释的效果是部分消除了受治者对心理现实的否认。通过这种特殊的解释，使潜意识的东西变得有意识的过程的另一部分是，在攻击性冲动、特定的攻击性幻想及其对象之间建立了联系。在我引用的例子中,尽管受治者断断续续感到自己有吞噬冲动,但他并没有意识到自己在吞噬什么。而且,他不知道随着吞噬冲动而产生的幻想。(我在这里可能会提到我的理论观点,即敌对冲动与其内容和所针对的对象的脱节可能是最早的压制之一,这种压制通过阐释得以解除。)

防御的另一种机制,即流离失所的机制也停止运作。正是通过这种机制,精神分析师才代表了母狮,而母狮正是孩子原来的幻想。因此,当面对心理现实时,各种防御机制在某种程度上都处于无法实施的状态,因此焦虑加剧并变得明显。然后关键时刻开始了,正如斯特拉奇所说,"敌对冲动有意识地指向了精神分析师"。但是,面对心理现实使某种特定的焦虑表现出来,同时也为这种焦虑通过阐释解决奠定了基础。

在意识到上述所有联系中都存在敌对冲动后,自我现在可以测试:(a)冲动的危险性;(b)在一定程度上控制冲动的能力;以及(c)冲动的反应它的对象;因此,可以发现冲动的危险性没有人们想象的那么大,并且它与幻想有很大不同。再次回到我的情况:受治者可以在一定程度上改变引起敌对冲动的原始情况。他意识到过去的冲动是针对他母亲的,在特殊情况下。通过这种修正,冲动变得不那么浮躁,情境也变得不那么重要。

但是这些认识是唯一可能的,在这里我们看到所有这些过程是如何相互联系的,因为孩子意识到他已经将吞噬倾向投射到了精神分析师身上,而精神分析师实际上是一个友好而乐于助人的人,他的友善和理解行为,即正在完成的工作等证明了这一点。

通过分析负移情释放出的爱的感觉

但是,这种认识又是可能的,因为孩子的感觉发生了根本性的改变,也就是爱的感觉出现了。我将更详细地阐释这一点。通过阐释,重新建立了敌对冲动、侵略性幻想及其对象之间的联系。现在,正如我之前作为一般现象所解释的那样,在压抑的过程中，当仇恨与原始对象脱节时，对对象的爱之感也会受到阻碍。你们一定记得，我在第二课中详细讨论了爱与恨之间的早期互动，它们与最早的客体关系之间的相互作用。正是由于这种相互作用，当仇恨通过阐释而从压抑中解脱出来时，在某些情况下，爱也被释放了，这两种感觉都对精神分析师产生了影响。由于个人倾向于将自己的破坏性情绪转向"坏"（即讨厌的）客体，而将修复倾向转向"好"（即被爱的）客体。因此，他的修复倾向开始在精神分析师与最初的客体中发挥作用。每当发生这种情况时，他都会获得强烈的焦虑缓解，因为修复倾向是掌握焦虑的重要手段。实际上，人们经常可以在儿童分析中观察到，当一种阐释正在解决焦虑的过程中，儿童会从燃烧和破坏事物变成建设性的游戏，并变得安宁。然后孩子就将自己的爱心投射到客体——精神分析师上，这也意味着他在自己的脑海中也变得很好，因此自我将精神分析师注入为一个好客体。精神现实的实现具有它所隐含的所有焦虑，首先并且主要与感觉到的内在危险有关。自我的接纳可以抵消他对不良迫害对象的恐

第三课
移情与阐释

惧,并被认为是在内部帮助和支持他,自我才能够让他的恐惧产生,并面对和容忍他们的恐惧。同时,直到它们被我描述的整个过程解决为止。

第四课

移情与阐释的临床病例

现在，我将使用一些材料来说明我在"移情与阐释"那一课中谈到的一些观点。我不打算讨论病例的详细信息，也不打算讲述病例的历史，仅是为了说明移情经历如何重现真实和幻想情况下的先前经历，并导致对真实事件和受治者情感态度的记忆。这种记忆伴随着身体的感觉，即戏剧化了的幻想，也是童年早期真实痛苦身体经历的复现。这导致了与受治者内心世界有关的幻想材料。

接下来的材料取自一位男性受治者两个小时的精神分析（以一个周末为间隔），该男性受治者即我在第二课中提到的B先生的病例，已进行了大约三年的精神分析。关于受治者本人，我只想提一下，他不到30岁，病得很重，有强烈的偏执狂和抑郁症特征。

第四课
移情与阐释的临床病例

关于B先生的更详细的临床材料讨论

我现在将重复在第二课中引用的内容。有一天，受治者开始接受精神分析时的心情很消极。由于重新安排日程表，他有一次偶然在我家遇到一位刚离开的男性受治者，而他碰巧不喜欢后者。这种情况使他抽离了安全感，并引发了嫉妒和焦虑。然后，他告诉我，他在去见我的路上遇到了两个人，分别是他认识的一个男人和一个女人，两个人他都不喜欢。他对这个说法的措辞使他和我都非常清楚，他绝对觉得我是故意了这些他不喜欢的人与他巧遇。

当然，对我作为迫害者的恐惧在这种分析中起了很大的作用，但在现阶段已经大大减少了，我已经成为主要的保护者。现在已经很清楚，这只是部分正确的事实，并且受治者已尽一切方式避免任何可能使我显得咄咄逼人的刺激。的确，他之所以能够做到这一点，是因为信任和信念的普遍增强。但是，当我似乎是刻意安排他去见这些他不喜欢的人时，我们开始以崭新的眼光看待当时的精神分析对他所表现出的迫害的整体状况。我和这些他不喜欢的人在一起。我把他的精神分析细节泄露给了别人，尤其是那个男性受治者。B先生怀疑那个男性受治者与我的关系更紧密。我们在这里发现的迫害情况当然是一种幻想，但这种情况一直困扰着B先生。由于他的迫害焦虑，老师和考官很容易就为他扮演了迫害者的角色。从移情情境来看，如往常一样，我们回到了他童年时代的真实情境，那时他的母亲实际上向他的老师和父亲报告了他的情况。他总是怀疑，有部分理由是，她会和他父亲谈起他，让他受惩罚，等等。

这些材料表明，由于外部经历而激发了迫害的移情，因为受治者遇到了另一个他不喜欢的受治者，这导致了记忆材料的产生，因为在这个房子里，他还谈到了他母亲的情况。他将父亲置于不利地位，并导致男孩受到父亲的惩罚。刚刚描述的那一个小时的资料显示了移情情境下的迫害感觉揭露了他体内正在发生的与迫害有关的焦虑。在第二个小时的精神分析中，受治者感到非常沮丧。他首先提到，我在前一个小时

第四课
移情与阐释的临床病例

中所做的解释使他认为我不想让他指责另一位受治者，他遇到了那个受治者，并且不喜欢他，倾向于批评他。总的来说，他认为他对所有人的批评和仇恨，包括对与我交往的人的批评和仇恨，必定会惹恼我。由于他实际上是在批评这些人，因此他觉得自己确实在做些对他们和我有害的事情，因此更加内疚。

他抱怨说，前一天他非常沮丧，他感到胸口有很大的压力，这种症状经常伴随着他的抑郁情绪。他说哭泣通常会减轻他的身体压力。但随着这种解脱，他会感到紧张，因为它会在他的胸口留下一种刺痛的感觉，就像一个人把脓液从疖子中挤出来时的感觉一样。这提醒了他，他的母亲告诉他，当他两岁的时候，他患了中耳炎，直到耳膜破裂，脓液流出，他才被发现，这也解释了为什么他当时尖叫得如此厉害。提到这一点时，虽然记忆本身并没有出现，但这整个经历对他来说变得真实而生动，因为他胸中的感觉，突然感觉就像脓液从其中流出的疖子，在他的头脑中与他的整个紧张状态、伴随着早期经历的耳朵疼痛和呼吸困难联系在一起。

我们也可以将这一早期经历与他青春期患疖子的时期联系起来。他手指上的一个疖子感染了，他不得不切开疖子。他继续说，当他内心极度沮丧和紧张时，他会哭，并想说，"上帝，上帝"，好像他在呼救。上帝让他想起了他的祖父，一个友好和善的留着胡子的老人，实际上也是他一生中为数不多的几个好人之一。从这些联想中，现在可以清楚地看出，当他患中耳炎疼痛时，他曾向祖父求救。在他哭的时候，祖父可能比父母更有耐心。

然而，他的祖父在他心目中并不是一个完全好的形象，因为他让他想起了一个住在他父母家附近的老屠夫，他喜欢去他的商店。屠夫也是一个友好的老人，但是他习惯于吐痰和难闻的肉的味道。接下来，他想到了挂肉的大冰箱，它闻起来也很难闻。受治者走进了这个冰箱，对里面的黑暗和寒冷感到非常害怕。第二个联想是那天他一直坐在壁炉边看书，看着影子上下飞舞。阴影是由壁炉的一部分投射出来的，电灯反射到炉火的背面，在他看来像两个人物，其中一个被他解释为魔鬼，另一个是他的祖母。在提到阴

第四课
移情与阐释的临床病例

影之后,他表达了对自己总体上无所作为的绝望,他说这就像是内心"挥之不去的死亡"。与此同时,他觉得被迫变得更加活跃是一件可怕的事情,他经常怀疑我是在强迫他变得更加活跃。他有一种强烈的感觉,在他能做更多的工作或从事外部活动之前,他应该把自己放在正确的位置。这在他的分析中经常被表达出来。

如果他不觉得被我催促,他会自信地认为,尽管他面临极其严重的困难,他还是能够改正过来,而且这本身就是一项最重要的任务。但是前一天,当他坐在炉边的时候,他觉得被我赶了过去,对他完成这项内部任务的能力产生了强烈的怀疑,这项任务等同于被治愈。他当时一直拿着茶杯,有一种强烈的冲动想把它砸在壁炉上,但他没有这么做,因为它会发出可怕的噪声。

当他告诉我这些时,他突然想象自己在一条狭窄的路上。在它的旁边是一堆碎片,一群人,他知道他们是受伤和垂死的人,他在照顾他们。与此同时,一个声音从背后告诉他,他必须去另一条路,以挽救他的生命。接下来,他再次提到他的不活跃,说如果他不能克服它,他宁愿四处游荡,也许去很远的地方帮助治愈受伤的人。他把背后的声音和我联系在一起,然后他提到我前一天给他的另一个解释伤害了他的感情,让他觉得我没有足够的耐心等到他痊愈。在他提到的解释中,我已经指出了他对改进精神分析的焦虑,因为这将意味着精神分析的结束,在当时他认为这意味着我和他自己的死亡。

我现在必须提到一两个以前材料中的细节。他担心我无法完成对他的精神分析。这背后是一种对他无法治愈的深切焦虑。尽管如此,有这种强烈的信心之前提到,经过一些分析,他对我的信念和信任大大增加,但这种增加被用来掩盖他仍然有强烈的怀疑,即怀疑他自己的建设性力量和他的爱的能力,因为他仍然觉得他是虐待狂。他对自己的爱的怀疑和对人的不信任,不管是外在的还是内在的,导致了对他被我治愈的可能性的怀疑。事实上,信任、信念和希望,就他所发展起来的而言,都集中在我和我对他的精神分析上,对他的分析代表着把他自己和他的内在和外在

第四课
移情与阐释的临床病例

的东西都摆正。实际上,他在精神分析中合作得很好,他对自己的建设性有了一些信念,但这种信念完全取决于他与我的关系,以及工作的进展。你可能还记得,我提到过,在他分析的过程中,他对我的强烈的迫害焦虑减轻了,但在我在这里讨论的两个小时的第一个小时里,这种焦虑增加了。整个情绪状况和第二个小时的材料只能因为这个事实而被理解。

现在我要提醒你们的是,第二个小时的精神分析是从他对那些他认为与我关系密切的人的侵犯感到内疚开始的。他害怕他遇到的那个他讨厌的受治者也讨厌他。这个男人代表我家庭的男性成员,也代表我的男仆。他认为这个男仆,有时还有我家里的其他男性成员和我一起反对他,因此我们在他看来代表了危险的夫妇,代表反对他的父母。但是这个敌对的联盟暗示着对我自己生命的威胁。他所有关于一个虐待狂父亲在性交中屠杀他母亲的幻想都移情到了我家的每个男人身上。你会记得,在第一个小时的精神分析之前,他在路上单独遇到的不愉快的人,一个男人和一个女人,在我站在迫害他的人一边的时候,他们觉得是我出于敌意而挡了他的路。

当我指出他对我不信任时,他认为我和危险的父亲是一伙的,于是我给他的解释导致了他从他的父亲和母亲那里感受到的真正的迫害。这产生了某种有益的影响,缓解了一些焦虑,但仍然引起了新的怀疑,这些怀疑集中在这些解释上。他觉得,也就是说,既然我发现他怀疑我是一个迫害者,并且因为他对我,对其他受治者和其他人如此咄咄逼人,我现在因此而放弃对他的精神分析。

在第二个小时的精神分析材料中,他身后命令他离开受伤害的人的声音,那堆采取另一条路以挽救他的生命的建议,已经在他的联想与我及我催促他远离精神分析之间建立联系,同时又终止了它。因此,继续对他进行精神分析并挽救受伤害的人对他来说是一回事。对于垂死的伤者,他还把一个死去的祖母和一个死去的妹妹联系在一起,这对他的焦虑、内疚和寻求赔偿起了主要作用。

但是我自己也是受伤的客体之一。我们发现,当他感到我要放弃他时,他意图绝望地砸碎茶杯并为我

第四课
移情与阐释的临床病例

站起来。经过我的解释，当受治者意识到想要对我做他实际上想做的破坏性事情时，强烈的焦虑和内疚感由此浮现。由于他几乎砸碎了杯子，并且现在知道杯子代表了我，所以他对我的攻击突然变得对他很真实。此外，在早期情况下，他的仇恨和焦虑的影响与相似的感觉有关。他现在知道，坐在炉边时有强烈的感觉，他不能砸碎杯子，因为它会发出可怕的声音，这是由于他害怕咬我，对我尖叫，以及摧毁我。他在精神分析中表现出极大影响的这种感觉是他对母亲早期攻击性冲动的复现。

在第二个小时的精神分析开始时，他对自己的攻击性感到内疚和焦虑，主要与他要摧毁我的冲动有关——如果我通过放弃对他的精神分析而完全使他失望的话。他对我放弃他的焦虑源于失去母亲的早期焦虑，而当她不在家时他想见到她时，他对她的攻击性极大增强了他的焦虑。只是由于他的侵略性和他在我不在那里时毁灭我的冲动，他希望我要么离开他要么死去，这意味着我放弃了对他的精神分析。当他想要吸吮母亲的乳房而无法承受时，这又一次重复了他对母亲的感受。因此，由此引发的仇恨和侵略使他感到她永远不会回来，因为他杀了她。

在这个小时的精神分析开始的时候，受治者谈到自己的沮丧和绝望时，他感到自己的胸口感觉与压力密切相关，这种感觉可以通过哭泣缓解——这是在与将脓液从疖子中压出来相比。他曾呼唤上帝帮助他，但没人来，当他独自一人坐在炉边拿着茶杯绝望的时候，我也没有来。他的祖父与上帝相似，对他来说是个好父亲，因为他生命中很早就与自己父亲的关系变得很不满意。但是他的祖父对他来说也是一个非常复杂的人物。您会记得他与屠夫和发臭的冰柜中的肉块密切相关，所有这些都表明死亡和腐烂。他的幻想是一个危险的父亲在性交中屠杀母亲，这是他的主要焦虑情况之一。屠夫的冰柜中装有肉块，既代表母亲的身体，也代表他自己的肉，代表他母亲中死者和受伤对象的肉块，是他通过对他的精神分析不断努力纠正的一种内在任务。因此，路上遇到的受到憎恨的人实际上被感觉到像在他内部一样，挂在冰箱中的肉也是如此。

第四课
移情与阐释的临床病例

在他贪婪的幻想中，正如许多资料所显示的那样，他被撕成碎片并吞噬了家人，当他的祖母和妹妹去世时，他们的死已经与他对他造成的所有伤害联系在一起。人们在他的幻想中。他对父亲的观念是，他也同样会在性交中摧毁并吞噬他的母亲，从而引起了屠夫父亲的形象。在他的幻想中，我们有很多证据可以证明，他母亲的尸体中还装有被撕成碎片的死孩子。当一个小妹妹去世时，这种幻想得到了证实和强化。在第二个小时的精神分析材料中，有些人（以前是与他有联系的人）就像在冰箱中的那块肉，在他提起自己的绝望以至于他无法完成将自己摆在内部的任务后出现。绝望变得更严重，因为他相信我会放弃对他的精神分析，而转而敦促他进行外部活动。

当他谈到要砸碎的茶杯时，他首先表示他是在砸我。然后，他突然看到自己在一条路上，看到一堆堆碎片，他觉得这是受伤的碎片。他觉得他想照顾他们，但被代表我的严格声音叫停，他急忙走到另一条路以挽救他的生命。在他的幻想中，我叫他离开，首先从他的内在任务，即精神分析，转到外部，然后从受伤者所处的路径（装肉的冰箱—他的内部）转到另一条路径，即外部活动。

我要提醒你们，他实际上已经说过，如果我放弃对他的精神分析，并帮助受伤的人，他将死掉或出走。一个特别重要的细节是，他的超我——与我联系在一起的声音——警告他，如果他和受伤害的人在一起，他会死。他在沮丧中，将他自己对死亡的焦虑同他内部"好"客体的死亡以及他内在的灾难等同视之。实际上，他曾多次以与我有关的方式将其表达为外部对象，并说他觉得如果我死了，他也会死。

他痛苦和沮丧的一个重要因素是他对自己内在的整个灾难的内疚感是他进行攻击的结果。不过，举例来说，当他想捣毁茶杯时，他的攻击行为是无法控制的，真的以为我是他的母亲，因为他对我产生了怀疑，并且因为当他想要我时我不在那儿。焦虑的另一个原因是，他甚至都不敢相信自己的"好"客体，因为在他看来，好祖父很容易就变成了屠杀父亲，而我也很容易成为迫害者。

我们在这里看到，危险的一个来源来自他自己的

第四课
移情与阐释的临床病例

侵略和贪婪,因为他觉得他们无法控制,这是他最大的焦虑之一。危险的另一个来源是他父母的不良行为,在受治者看来,他们会继续进行危险的性交,就像壁炉上跳舞的影子、魔鬼和他的祖母一样,不能停止。

我现在已经提到了他的客体和他的自我这两个危险来源,但是情况仍然更复杂。在他的联系中,我是各种内部和外部人物代表。我是其中一个受伤害的人,他体内的杯子被打碎了,他关心的实际上是他的生死问题,是把我和他的其他内在的东西纠正过来。但我也是一个外部严格的声音,是威胁要离开他的精神分析师;这样,我就像是在挫败我自己的目的,也挫败了他的目的,因为通过把他从我身边赶走,我不允许他把我放在自己的内心深处。

在此,我代表的内部和外部人物发生冲突。这被认为是无法解决的冲突,更是如此,因为在整个情况下,实际上没有内部的"好人"帮他正确安置客体。

当他可以阻止对我的怀疑并相信他能够与我合作时,我感到自己是把被伤害的我放在他的心中,然后成为了一个有帮助的人物。但是，当他突然觉得我是外部迫害者时，这种支持感就消失了，因此他也失去了我作为内部支持。在这种情况下，出现了以前掩盖的强烈的自杀冲动。那将是一种出路。他认为，另一个是要走到很远的地方，他将在这里帮助受伤的人。这是通过将内部对象外部化并在外部世界中帮助它们来保存内部对象的尝试。除此之外，他走得更远，可以使我免受攻击性的影响。

这两个小时的精神分析资料说明了前面提到的一些要点。在移情情境下，我成为了迫害者。在分析这种焦虑状况时，发现我代表了一个完全幻想的外部人物，可以神奇地被安排实施迫害。通过这种方式，我们能够得出以前的经验，而这些经验又可以追溯到很早的童年经历。然后我们发现我在多大程度上代表了受迫害的内部对象和受伤害的内部对象。就是说，通过研究移情，我们可以深入到潜意识的深层，并分析对他内部状况的焦虑，这是他陷入困境的根源。

遵循这一思路，我们获得了经验和早期记忆，与

第四课
移情与阐释的临床病例

这些经验相关的感觉和幻想得到了复兴。在这种早期疾病中所经历的疼痛和所有身体不适增强了受治者对体内的幻觉。中耳炎期间耳部出现的痛苦感觉不知不觉地与他的胸部和整个内部联系在一起,感觉就像是同锅熬煮。在婴儿期的尖叫中,他想表达自己的仇恨感,作为仇恨武器的不良排泄物和不良客体。他在婴儿期的身体疼痛和紧张也与尖叫和呼吸困难有关,并且由于他的受迫害幻想投射到外部以及归因于内部物体,由此在他的逼迫幻想的发展中发挥了作用。在某种程度上,这是建立迫害幻想的一个普遍因素。

同时,人们重新体验了各种情绪,并且它们与早期状况的联系变得清晰起来。例如,由于他所爱之物的预期死亡,他的仇恨和自身破坏性的焦虑导致了深深的悔恨、悲伤和哀痛。这种焦虑甚至比他自己的尸体被摧毁更强烈,与对客体的渴望和热爱有关。自杀的幻想再次恢复了对内部对象以及悲伤和哀痛的扼杀愿望。

各种各样的状况已经复现,相应的是各种各样的人物，我作为代表出现在他的脑海里。我首先是一个外部迫害者，逐渐成为一个非常全能的迫害者；当他打碎茶杯的时候，我是一个内在的受伤害的人，一个他想照顾的受伤害的人。当我代表严肃的声音时，我是一个复杂的内部和外部人物。我把他从受伤害的人身边赶走，阻止他纠正他们和我自己。在他的幻想中，我停止了对他的精神分析。但是他宁愿和垂死的人待在一起，因为他们被认为在他的身体里，意味着死亡和自杀。因此，当我命令他离开时，我是在救他的命。在移情情境下，精神分析有时代表自杀。在他远去帮助受伤的人的幻觉中，我变成了两个不同的外在对象：一个是没有受到伤害的他的精神分析师，另一个是他想去一个遥远的国家帮助的受伤害的人。第二个小时快结束的时候，当抑郁解除了，焦虑也减轻了，他再次表达了对我这个精神分析师的信任：我已经成为他心中更好的客体，无论是外在的还是内在的。分析师所代表的不同的、虚幻的数字的分析，具有使分析师以更现实的方式出现在受治者面前的效果。此外，这意味着受治者已

第四课
移情与阐释的临床病例

经变得更能以一种更少幻想的眼光看待过去，甚至是相当早期的经历。这种变化表明我们已经朝着精神分析过程的主要目的迈出了一步，也就是说，朝着减轻超我的严重性迈出了一步。也就是说，我们已经开始对受治者的思维过程进行某些改变，通过这些改变，他对他可怕的意象的焦虑减少了，他头脑中的坏意象也变得不那么危险了。换句话说，我们在受治者的头脑中开创了一个更加良性的循环。焦虑和随之而来的攻击性已经减少，建设性和爱的感觉更加突出，信任和信心也全面增强。在这方面，我想再次强调，为了达到这一目标，也是精神分析工作的本质，我们遵循的原则是，我们应该通过独特的解释工具来分析与潜意识探索相关的移情情境。我不相信有任何其他的方法可以让精神分析师试图让自己对受治者来说更真实。

第二个小时的联想总结

为了使我们更容易从这些联想中得出结论,我将简要对第二个小时的联想做如下总结。

·他因感到胸部受压而沮丧。

·他觉得我不喜欢他,是因为他批评了其他受治者,并且因为对他的普遍性仇恨。

·哭泣留下一种刺痛的感觉,提醒他早年曾患中耳炎,脓液被挤出疖子,以及当脓液被挤出时的尖叫。

·他胸部的压力、疖子和他目前的紧张状态以及与中耳炎有关的呼吸困难之间存在联系。

·呼唤"上帝,上帝"与他的好祖父,还有屠夫,还有装有肉块的冰柜有关。他想起了在黑暗和寒冷中呆在冰柜中的恐惧。

·他还记得坐在火炉旁,炉排上的阴影,导致恶魔和恶魔祖母的想象。

·他描述了几乎砸碎茶杯的事件。

第四课
移情与阐释的临床病例

- 他的无所作为被认为是内心深处的死亡。
- 他担心被我强迫参加外部活动。
- 他感到我被匆忙带去进行外部活动和精神分析,因而无法将自己置于正确的内部。
- 恐惧与粉碎茶杯的愿望之间的联系。
- 道路上挤满了受伤、垂死的人。
- 来自后面的声音将他从这条路赶到另一条路,以挽救他的生命。
- 他的感觉是,如果不继续进行精神分析,他宁愿死。
- 他对我对他精神分析能力的提高感到恐惧和不信任,这与他对完成分析的恐惧,对死亡的恐惧以及离开我等同于死亡这一事实有关。
- 他的全部希望都集中在分析上,这等同于将自己及其内部和外部对象正确安置。
- 由于他对其他受治者的敌视导致对我的不信任,我再次将他遣散,这使我变得无法忍受。
- 他遇到的受治者以及我家人中的男性,还有他的父母——一对关系不睦的夫妇的危险性交对他和他对他们都构成威胁。

· 我现在发现了他所有的不信任，对我的朋友的仇恨，并因此停止了对他的精神分析。

· 我把他从受伤害的人身边带走，代表了内心的任务和他内心的目标，这意味着我的死亡，因为我是受伤害者之一。内在化的人，破碎的人。

· 因沮丧而砸碎茶杯与仇恨增加以及母亲的早期噬咬、尖叫和摧毁之间存在联系。

害怕因死亡而失去心爱的东西，并和它们一起死去。不管他是和受伤害的人在一起还是离开他们，都会发生这种事。这份材料显示了移情体验是如何复现以前的经历，如何复现真实和虚幻的情境，并导致对真实事件和受治者情感态度的记忆。它伴随着身体的感觉，既戏剧化了幻觉，又是童年早期真实痛苦的身体体验的重复。这导致了与受治者内心世界、壁炉里的火、冰箱、旅程等有关的幻觉材料。与他自己内心世界的这些幻象同时，他也感受到了对真正的外部攻击行为的冲动，比如打碎茶杯、攻击和指责精神分析师和她的朋友。受治者对自己内心的状

第四课
移情与阐释的临床病例

态（如他的死期）和他与外界的关系（如他对现实事物和人的攻击和仇恨）都感到抑郁。所有这些都应该说明移情的分析是如何揭示现在与过去、外部世界与内部世界之间的联系，以及这如何有助于受治者人格的整合。

第五课

体验与幻想

弗洛伊德从一开始就认识到早期经验对神经官能症的重要性。宣泄疗法本身是基于这样的假设：一种痛苦的经历会导致精神障碍，因为事实是伴随这些经历的影响被抑制了。当弗洛伊德认识到性欲在神经官能症的病因学中的重要性并发现"愿望幻想"时，他对将经验作为病因的态度改变了。他发现了实际的心理现实。这是将精神分析与精神科学的所有其他方面区分开来的发现，并且正是在此基础上，精神分析中随后进行的所有工作实际上都在继续进行。从那时起，早期经验的重要性和心理现实的重要性一直是精神分析的基本原则。但是在互动中，它们并没有始终得到充分重视。

就早期经验而言，过去主要强调持续的环境影

第五课
体验与幻想

响的重要性，例如父母的态度，在精神分析中也已被理解。我认为弗洛伊德关于超我的概念例证了早期经验和精神现实之间的相互作用没有被充分重视的事实。根据欧陆精神分析师的观点，直到几年前，苛刻的超我被认为几乎完全是源于亲生父母的苛刻。根据我的经验，这种对环境因素的过分强调，以及对形成苛刻的超我的内在心理过程的认识不足，以不同的方式影响了精神分析理论和技术的发展，也是产生对早期精神分析和一般儿童精神分析的偏见和强烈反对的部分原因。几年来，许多精神分析师甚至说，孩子的神经官能症仅仅是由于父母的神经官能症和错误的教养方式造成的，要治疗孩子的神经官能症，所需要的只是对父母进行精神分析或提出建议。

回顾过去，人们可以看到，一直以来，在心理分析中，一方面是环境因素，另一方面是幻想生活和心理内过程，好像它们或多或少是分开的实体一样。在过去十年左右的时间里，英国才填补了工作上的空白。看来，只有获得了最深层的心灵接触，才能发现并详细解决环境因素与孩子的幻想生活之间的整个复杂相互作用。然后，幻想以及这些幻想引起的焦虑在婴儿的生活中扮演的角色将变得更加清晰。

英国在早期精神分析中所做的工作已追溯了早期幻想和焦虑情境的产生方式，还有好人如何能够建立好意象并减少坏人的焦虑感，以及挫败或吓坏真实客体和情境易于增加不良内部客体的优势。仅仅通过了解孩子的幻想生活和早期焦虑状况，就可以完全理解从发展开始就经历的重要性，从而开辟了一条途径，使我们能够正确地了解这两种情况。

如你们所知，在这些演讲中，我谈到了真实经验与幻想之间的不断相互作用。事实上，如果不考虑这种相互作用，就无法谈论任何精神分析材料。今晚，我想用临床资料来说明对幻想的真实经历的分析，并得出一些理论和实践结论。

互动的一方面是幻想在带来真实体验中扮演着重要的角色。但是，不管真正的经验是否已经到来，对个人意味着什么取决于与之伴随的幻想，还有幻想的产生，以及与这些幻想相关的情感、焦虑和内疚。

第五课
体验与幻想

因为早期经验与幻想的互动是脱节的,如果我们孤立地考虑早期经验,那么我们在分析中实际上可以对这些经验做些什么?当然,我们将给予我们的受治者充分的关注、同情和谅解,以应对他的担心和痛苦,或者与经历相关的任何感受。以一个受治者的母亲为例,她实际上已经忽略了他,或受治者对她进行了不友好的对待,我们不能指望对此表示同情或理解,甚至不能给受治者机会表达或消除他对这些的感觉经验——所有这些实际上都是有益的——将产生治疗的方法。

但是,如果我们开始理解那些被母亲不友善的行为所证实和强化的幻想,以及由于人的冲动和幻想而产生的内疚和焦虑在多大程度上与这些经历有关,那么我们就能够或多或少地消除这些经历的有害影响。这听上去显而易见,但值得回忆,因为一个人可能倾向于过多地关注母亲的不友善,而对那些让受治者如此痛苦的幻想关注太少。在分析的后期,经常会出现关于母亲的好的记忆,既有善良的也有不善良的;人们甚至可能会发现,通过投射,她的不善良在受治者头脑中被夸大了。

另一个需要考虑的重要问题是，出于内心原因想要受到惩罚和被严厉对待的孩子，在多大程度上影响了其母亲对他的态度。如果在精神分析中，受治者开始理解这些事实，这通常是可能的，当他的负罪感减少时，那么他能够从不同的角度看待整个情况，我们发现他的不满和痛苦，影响了他与他人的整个关系，并以这种方式成为不快乐的另一个来源，减少并让位于更友善的感觉。

我现在希望表明，精神分析的结果往往证明，可怕的母亲并非真的那么可怕，或者比受治者想象的要差得多，并且还提供了他感激的信任和仁慈。与此相反，精神分析还可以阐明受治者心目中理想母亲的形象，以及随之而来的否认，并显示她被否认的缺陷，以及这些缺陷对孩子心灵的影响。

在另一种情况下，母亲的幻想和令人恐惧的观念与真正的母亲分离了，导致了她理想化的形象，其中压抑了不愉快的经历。在这里，精神分析的任务是将这些概念与真实母亲的形象结合起来，从而使形象统

第五课
体验与幻想

一起来，然后让过去以更现实的方式呈现给受治者。

D先生的临床材料

接下来，我将对受治者进行描述，并尝试说明他的整个人格、态度、症状和病史。受治者常常抱怨母亲的过分影响、父母之间的不睦关系以及对母亲成长的影响。例如，他描述了母亲对男性的不良态度是如何体现的，因为她从来没有欣赏过父亲，这一事实使他在各个方面感到不快。

他抱怨说，他很沮丧，因为他很少受到关注，也很少得到理解，他举了一个例子，他的母亲没有陪他去寄宿学校。这些抱怨以及她对性的拘谨态度和她对男性生殖器官的憎恨都表现在她对他父亲的态度上，并反映在他对精神分析的关系上。受治者觉得他被强迫相信拥有男性生殖器是错误的。同时，他发现他的母亲有矛盾的态度，因为他也被认为是英俊的男孩，他觉得她是在引诱他，并表明她更喜欢他，而不是他的父亲和哥哥。这些经历可能与他晚年出现一些性问题有关。

他妹妹的出生是重要的事件，这种经历对孩子和成年人也通常很重要。人们通常会感到自己的一生因兄弟姐妹的突然出生而改变，有时会伴随着失去母亲或护理人员的爱的感觉。

这名受治者觉得他的母亲在托儿所里对妹妹的大惊小怪毫无必要。的确如此，她太挑剔了，以至于她不喜欢这个婴儿，而他也从不信任她。但是他对妹妹的态度很矛盾，他也爱她，花时间教她。他的妹妹有她自己的困难，这些使他感到内疚和有责任感。妹妹出生后，他再也不信任母亲了。他仍然是个好男孩，但内心却转身离开了她，并"保持在爱与恨之间的剃刀边缘"。

受治者从对他的精神分析中获得了相当大的心理洞察力，但仍然坚持认为过去是不可改变的，他的感受也是不可改变的。他的经历给他留下了失望、痛苦、仇恨和不信任。在他的生活中，托儿所的经历占主导地位，这种感觉表现在每当有人冤枉他时，他都觉得是"大人"干的。

在移情过程中,我很容易成为母亲或令人沮丧的护理人员,这导致了困难,因为阐释让他觉得受到了责备。不信任的感觉与深刻的洞察力交替出现。他详细叙述了早期伴随着极度焦虑的侵犯行为。他的梦境表明,他觉得粪便和尿液有毒,能够灼人,对他的妹妹很危险。例如,梦中排便与一名男子被枪击有关。不好的排泄物和他和他妹妹的关系之间的联系很难解释,但是这种解释确实增加了他的自信,尽管这是一种非常多变的自信。

他对自己的时间感占有欲很强,他觉得这是对他沮丧的一种补偿。到目前为止,他从未碰到过另一个受治者,但由于我重新安排了日程,他遇到了前一个受治者,一个男孩。第二天,为了避免与他见面,他来晚了,起初他试图用一个笑话来摆脱这种状况,暗示男孩可能会说,"哦,那个人来了"。接下来是一阵沉默,接着是仇恨和愤怒的爆发。有一次,当我让他等一分钟的时候,他抱怨我违背了保护他时间的承诺。

受治者自己解释说,遇见前一个受治者已经使他的妹妹意外到来了。这次会面引起了强烈的焦虑,并同时引发了有关他本人及其历史的新知识。他相信,即使我提前宣布他可能会遇到另一位受治者,也不会有任何不同。确实,他对我的建议感到不安,因为我们建议他可以将会面时间推后十分钟以避免出现这种情况,因为他感到焦虑和迫害是无法忍受的,而我们对此所做的努力也没有影响。这使他感到精神分析绝对是糟糕的。所有的解释都是错误的,他希望中断精神分析。正如他所说,他无奈地改变了这一观点,"我的军队已经准备就绪,我完全站在对立一边"。

接下来的几天他很晚,有时只来几分钟。他再次拒绝将会面进行到十分钟后的想法,并且感到一切都被更改了。这包括房子,使他感到自己失去了托儿所的庇护。不过,他虽然每天都来,却每天都告诉我他决定不再来了。受治者有时来得很晚,对此感到内疚,甚至是浪费时间。但是,即使他只待了几分钟,有时我又增加了几分钟,仍然可以做一些有用的

第五课
体验与幻想

工作。

他珍视我的态度,理解我对他迟到的理解,但他认为对他没有任何帮助,并且部分证明了他不需要我。他与孩子会面的焦虑导致对他对孩子和我的攻击的进一步阐释,这导致了进一步的焦虑。他说,即使我能够让他回避这个孩子也无济于事,他说,他觉得自己好像陷入了一口烧焦的井中,周围充满了灾难。在这些短暂的会面中,他没有躺下,或者即使他躺下了,也很快就会站起来,要么坐在沙发底下或更远的地方,要么站着。

他会说自己的仇恨对大脑来说就像是毒药,而他体内的容器会失控会沸腾。他的言语和思想之间存在联系,这与排泄物灼人和中毒后的秘密袭击可以相提并论。在对自己的焦虑被完全解释为他正在暗中破坏这个孩子和我之后,受治者入睡了。他梦见自己写下了错误的名字。有两个名字,一个是好人,另一个是个讨厌的人。这些代表了他的两个方面。

他描述了一场噩梦,在那场噩梦中,他感到被游泳池里的水毒死了。他的联想是游泳池中的消毒剂和被蜡堵塞的耳朵。当灯亮着的时候，他变得焦虑不安，因为他可以在花园里被人看到。在另一个梦里，一只毛毛虫变成了一只大蝙蝠，用责备的声音和他说话，责备他做了什么，让他感到非常内疚。为了阻止它，他把它塞进一个带盖的罐子里。他从噩梦中醒来，感觉自己在一次与妻子有关的餐会上被女主人下毒。他记得一个小孩在吃早餐，用大拇指在桌布上涂黄油，还联想到他耳朵里的蜡和毒药。我解释说，他觉得他的母亲和姐姐毒死了他，因为是他毒死了她们。他有一些洞察力，觉得只要他能忍受被人看，一切都会好的。我解释了他对被照亮的房间的恐惧，用母亲和被挤在母亲体内的孩子的混合形象来代表他的内心。

对他的秘密武器燃烧和中毒的分析，让他想起了童年时做噩梦后的梦游。他发现自己在房间的角落里，想小便，但他从自己的小便中跑了出来。他现在想起了在他做噩梦的那个晚上，他也是先小便的。更多的材料是关于他和他的妻子及孩子在户外排便导致的焦虑和羞耻的梦。一切都变成了人工绿色，他担心

第五课
体验与幻想

自己被毒死了。

他改进并描述了一项秘密准备的专业任务,只是在最后一刻才告诉我,因为他怀疑我反对他的活动。他害怕我会像他母亲一样毁掉他们。当她称他为帅哥时,他觉得她让他像火前的黄油一样融化了,这被认为是阉割。他母亲的欣赏总是相当令人恐惧,因为这意味着由于她的诱惑,他卷入了一场反对父亲的阴谋。

在另一个梦里,他遇到了那个男孩受治者,并友好地对后者微笑,表示自己想被后者认出来。受治者先把目光移开,然后对着男孩微笑。现在看来,当我提议重新安排他的会面时间以便他能避开男孩时,他觉得我不信任他和那个男孩。这让他想起了他对妹妹的爱,他回忆起对她说婴儿语言、教育她、宠爱她。在移情过程中,当他试图教我讲英语时,这种情境出现了。

越来越多的材料显示出他对妹妹的内疚。例如,他母亲说他内心好像有个小恶魔,这让他想起了和她早期的性活动。由于担心中毒和危险的粪便,在他的联想中，他像一头狮子。狮子对它的饲养员来说是危险的，他的联想导致了圣经中死去的狮子和蜜蜂的故事，甜蜜从它的嘴里出来。在这里，狮子代表死去的父母，就像狮子一样，在他的内心深处，让他感觉到力量带来了甜蜜。他对自己的性行为对他妹妹的危险感到懊悔和内疚，同时又对内心的危险感到焦虑。他和他的阴茎是坏的，因为他的仇恨和危险的东西隐藏其中。

在移情中，他对母亲与我的性幻想变得更强大，并立刻导致阉割焦虑。他梦想着去参加婚礼。新娘的父亲病了，不在了。房子又黑又空，光秃秃的。他的联想是裸露的手臂和对新娘的解剖。在下一个梦中，他乘火车去参加婚礼或葬礼，结果丢了两个包。他绝望了，但找到了一个乐于助人的搬运工，决定穿上他现在的衣服，好像可能在某个时候找到包。在移情中出现了一个更有希望的一面。两个包代表了他的父母和他的生殖器，他认为他可能会重新获得。一个包在货车里，另一个和他在一起，似乎是想把父母分开，一个在外面，一个在里面，这样就不应该举行婚礼，

第五课
体验与幻想

也不应该举行葬礼。他对父母之间危险的性交的忧虑逐渐显露出来。应该指出的是，受治者完全没有意识到自己曾考虑过父母的性取向。这一点一直遭到坚决否认和反对。

在另一个梦里，一个喧闹粗俗的女人11点钟到教堂做礼拜。这时是他和我谈话的时间。那个女人大声喊叫，嘲笑一个好人。他把这个好人和一个最近去世的亲戚联系在一起，当他想到她时，不禁觉得好笑。这再次表明，他与母亲联合起来反对父亲，嘲笑和杀害他，并导致对父亲的悲伤和俄狄浦斯情境。

然后他做了一个在池塘里和一个女人性交的梦，移情过程导致了受治者的绝望和他因俄狄浦斯冲突而死亡的愿望。他对失去父亲感到悲伤，并意识到自己危险的性行为——包括解剖和毒害女人——以及将焦虑内化。

在这之后有了更多的进步。在一个梦里，一只神奇的黑灰色鹤出现了，优雅而聪明。这是礼貌的，和他握手，和另一个形象，一个非常理想和成功的自我代表。这是指我的握手，以及包括非洲在内的其他国家的鹤。我认为鹤代表着内在和外在的我,他有意识地承认他对我有更友好和爱的感觉。

鹤的特征与一位受人尊敬的母亲有关,但他对这些感觉的反应总是一种日益增长的沮丧、胆怯和绝望。这导致了与手淫有关的评论,以及由于对他父亲的巨大竞争和敌意,使得事情变得多么糟糕。他变得前所未有地有竞争力。在梦中,一个小女孩被强奸了。他以为是他的妹妹,因为他想到了一个剪报的地方,在那里使用了"强奸"这个词。

在另一个梦里,他的一个女性朋友躺在床上。他想和她上床,想向她解释一些事情,想抚摸她。但他没有这样做,因为他认为一个人可能藏在地毯下面。他提到她的头发很快就变白了,这既是移情的象征,也是他母亲的象征,他记得美丽的鹤也是灰色的。

他母亲对危险父亲的极度焦虑更加突出。这代表着可怕的父亲向母亲的移情,母亲因此变成了一个令人不快的人物。像往常一样,在精神分析过程中取得了这样的进步和坦白之后,我成了一个彻头彻尾的迫害者,代表着他的父亲或母亲,或者是一个发现了他

第五课
体验与幻想

与妹妹早期关系的护理人员,或者是一个发现了他与母亲的性关系的父亲。

在移情过程中,围绕他的性取向的冲突导致了他对妻子不忠的焦虑,并揭示了他对母亲或妹妹不忠的旧情。这导致了他和他妹妹关系的更多细节。他记得托儿所里有一个黑暗的橱柜,大得足以让一个孩子进去。他觉得好像他和他妹妹在那个柜子里发生了什么事。

在进一步的材料中,他告诉了我一些他以前没有告诉过我的特殊事情,包括他祖父的手淫幻想。这导致从那时起一个突然的认识,好像他的祖父刚刚去世,一把剑落在他身上。他觉得他的父亲当时真的一点也不好,因为他从来没有鼓励和表扬过他。

他做了一个梦,梦见自己坐在教堂的长椅上,非常羞愧,因为每当会众站起来唱歌时,他就会睡着三次。他在梦中醒来,感到非常羞愧,因为他的父亲坐在他身后。他动情地说,他的父母将永远在一起。当他第二次和第三次醒来时,梦不那么引人注目,它被颠倒了。在祈祷中发现父母的记忆涵盖了对他们交往的观察。这也导致了他对在教堂晕倒的焦虑，并导致了更多关于他观察性交的材料。

他做了一个黑暗森林的噩梦，在那里他看到两三个偷猎者，在黑暗中他身后有一个像猫一样的东西。又一个被药丸毒死的梦。他还提到一个女人变成了一个男人。然后她变成了他毒死的人，结果他被毒死了。在进行这些精神分析时，他经历了可怕的焦虑状态。我通过解释给他的恐惧将是他的死亡。其他细节浮出水面。我房间里滴答作响的时钟感觉非常清晰，发出像火柴爆炸一样的声音。这很糟糕，而且与他的阉割焦虑有关。在这种焦虑之后，正移情又出现了。

在另一个汽车中的梦里，他被从后面扔了出去。两个打架的人变成了一个。我们在路的右边行驶，那是错误的一边。附近有一个很好的女人。我对被抛弃的人的解释导致了他与希罗多德的比较。

然后是一个可怕的为鸟剥皮的梦。其中包括女性在内的不同人物，感觉上这与性有关。他正在剥一只鹩哥（家养）和一只交嘴雀（蜡嘴雀）的皮。剥皮涵盖性交。在性交中，客体和阴茎都被剥皮。他的联想导致了早期关于剥一只红肉鸟的皮的记忆。他说业余的人会从前面开始剥。他只能在会面快结束时谈论这些梦想。他们导致了对他父亲早期阉割和危险性交的恐惧，这是他对糟糕的原始场景的基本概念。他母亲的整个观念受到了这些早期幻想的影响，他对这些梦和幻想的反应总是认为女人是坏的和被抛弃的。他试图将阉割父亲的焦虑转移到母亲身上，这增加了他的焦虑，他担心母亲会用剥皮来换取他的阉割。

讨论

这份材料表明，真实的经历，比如他妹妹的出生和那些原始场景，对他的成长有重要意义，但这只是因为他对妹妹怀有敌意的幻想和内疚。对他和她的性关系的内疚和焦虑可以追溯到他早期的幻想，这影响了他对母亲的看法。

这份材料只是从精神分析产生的大量材料中提炼出来的，用来说明受治者虚幻的生活如何影响早期经历对他的影响。我们可以看到，他与妹妹的关系只能从他与母亲和父亲的关系、父母之间的关系以及父母与子女的关系这一更广泛的背景中去理解。他与父亲的竞争导致了阉割恐惧，反过来又导致了孩子把对父亲的仇恨移情到了母亲身上。这也极大地影响了他对妹妹的负罪感，并导致他采取了一种女性的立场，在妹妹出生之前，他想抢走他母亲的孩子，他嫉妒他母亲和他妹妹，因为他想要自己的孩子。这种嫉妒和他母亲对他妹妹的关心和爱的实际嫉妒一样重要，这似乎是他仇恨的明显原因，实际上也许更重要。

然而，所有这些因素只能与对他自己内在化对象的恐惧联系起来理解，包括他的坏——阉割父亲，这导致了对剥夺了他母亲的好阴茎的恐惧，因此只留给她坏的阴茎。这导致人们不断要求他把孩子还给母亲，以便改善和治愈她。所有这些感觉和恐惧影响了他和妹妹的关系。

我想向你们展示，这些真实体验的效果只能通过

第五课
体验与幻想

对它们所引起的恐惧、幻觉和焦虑进行长期而耐心的分析来理解，但是这些体验本身只能对受治者产生如此重要的影响，因为幻想和恐惧从他最初的日子起就一直活跃在他身上。

第六课

怨恨分析

在上一次课中，我讨论了对真实经验的分析。我举了一个例子，其中，对环境中的人的谴责，无论是现在还是过去，都起了很大的作用。这种谴责给精神分析带来了困难，对我来说，这似乎具有普遍的重要性，因此我想更详细地讨论一下。受治者经常说很多关于他们现在和过去与他人的关系，这当然是精神分析中非常重要的一部分。他们可能将这些关系理想化，也可能扭曲它们，以至于精神分析师无法判断受治者对人们的行为或态度的抱怨在多大程度上是合理的。在精神分析开始时尤其如此，有时甚至更晚，因此他不得不保留自己的判断并保持公正。即便如此，他也会同情受治者在这方面所遭受的痛苦。

然而，通常情况下，即使精神分析师完全理解他

第六课
怨恨分析

们所遭受的所有痛苦、伤害或不公正也是不够的，受治者寻求表达精神分析师对其他人对他们的行为的不赞同或愤慨。这些受治者通常希望，除了其他事情之外，让精神分析师成为他们的盟友，并且确认其他人对他们的困难负责，从而逃避他们的负罪感。这种情况可能非常难以处理，并且对精神分析师的机智和洞察力提出了很高的要求。

如果他对受治者已经经历或正在经历的实际困难没有表现出充分的理解，受治者将会对此愤愤不平，分析工作也会因此受到干扰。然而，一个同样严重的错误，如果不是更严重的话，是精神分析师向受治者的这些倾向让步，并支持他责备他的亲属。在缺乏同情和与受治者串通的另一个极端之间很难找到出路。我在这里看到了一个技术问题，也就是说，可能比许多其他技术问题都要多，它与精神分析师的态度和他的心态密切相关。

第一个错误是缺乏同情，也可能是其他原因之一，精神分析师过于强烈地认同被指控的人，因此，出于他自己的原因，对受治者的指控感到不满。如果他遵循另一个错误的路线,满足受治者对盟友的需求,并且过于积极地参与他的不满,他很快就会过度介入这种情况。首先,移情情境会变得模糊。通过成为受治者的盟友,精神分析师暂时成为了一个好对象,并以这种方式鼓励了一种积极的态度。受治者将不能允许其他的人物出现,而这些人物是精神分析师应该在移情情境的变化中表现出来的;因此,他将避免将令人恐惧的、虚幻的人物与精神分析师联系起来,这意味着这些数字将不会被分析,或者换句话说,负移情将被掩盖而不会被分析。如果在移情情境下,精神分析师无法阐释受治者的抱怨和对自己的仇恨,他就错过了解释这些敌对冲动的机会。结果,精神分析师越来越难以控制分析情境。

接下来,精神分析师可能会对受治者对他人的谴责(实际上是合理的)感到满意,这为受治者将精神分析师视为好人提供了充分的理由。他可能会辩称,受治者现在处于一种与以前完全不同且更有利的境地,即他现在可以向某人倾诉,能够提出批评,不受行为的限制等。现在实际上已经在精神分析师中找到

第六课
怨恨分析

了一个很好的父亲或母亲。尽管这在一定程度上是正确的,但整个论点都是肤浅的和错误的。即使受治者在过去或现在对某些人的抱怨或多或少在某种程度上是合理的,但这种痛苦的抱怨在一定程度上总是伴随着由于投射而造成的迫害感,这需要分析和理解。我们需要阐释与精神分析师本人有关的迫害感受。只有在移情情境下不被允许出现时,与精神分析师相关的不信任和敌意才会被掩盖。这意味着他将无法治愈受治者。

这只是一般原则的一个特例;如果我们分析移情,我们只能理解现在和过去的关系和经历。即使受治者在过去受到了严重的委屈,或者在目前的困难环境下遭受痛苦,我们对这些事实的认识也不应该模糊我们对投射机制的洞察,投射机制与受治者的不满有关,也不应该模糊他的幻觉在他与我们交流的经历中所起的作用。在这些联系中,精神分析师的态度对其工作的重要性变得非常明显。如果他能够对受治者的亲属或任何相关的人保持公正的看法,如果他注意到负移情而不回避它,那么他就能够避免我所描述的这些对他的工作的干扰。

我想强调这样一个事实,如果一个精神分析师发现很难面对明显隐藏在受治者痛苦背后的仇恨和侵犯,并且不允许他们进入移情状态,他可能会受到很大的阻碍;也就是说,他不能反对他自己。

在上一课我所举的例子中,我发现我能够完全公正地对待受治者的实际困难,而且能够避免站在他所抱怨的人一边。这千真万确,仇恨和痛苦的感觉迟早会变成对精神分析师不利的,因为如果他不与受治者联合起来反对这些"坏"人,他会被认为是站在他们一边的。但这可以通过不断分析移情情境来解决。和非常难对付的D先生在一起时,我总是小心翼翼地让他明白,我完全理解他目前处境的困难,这些困难和过去一样巨大。通过一方面分析他对母亲、妻子和其他人的抱怨,另一方面分析他对我的谴责,我试图避免偏袒任何一方。然而,他指责我不理解他,没有足够地关注他,不相信已经对他做了实际的事情,所以我们发现,在他的脑海中,我很认同这些人,他觉得我站在他们一边反对他。

第六课
怨恨分析

他曾经真的觉得是我让男孩穿上了女孩的睡衣,这件事在他童年时就发生了。在D先生看来,似乎是我对真实情况缺乏了解,也就是说,一种被认为是基于真实理由的抱怨,被证明是一种移情情境,如果我让位于他在他的冤屈中寻求我支持的冲动,这种情况我就应该模糊了。通过把他的不同经历与他的移情感受联系起来,我们可以理解他的焦虑和幻想不仅在带来某些经历方面发挥了作用,而且在这些经历对他的影响方面也发挥了作用。

有一天,由于对他的精神分析有所进展,他告诉我,我一直对他的妻子很公平,而且他承认,我了解整个情况。很明显,尽管他显然一直渴望我帮助他把责任推到他周围的人身上,但如果我这样做了,他会非常怨恨。

一些受治者试图控制精神分析师和分析情境,并让精神分析师扮演适合他们幻想模式的特殊角色。然而,尽管这些受治者似乎竭力让我们责备他们所抱怨的人,从而阻止我们分析情况,但他们也强烈希望我们保持公正,支持他们反对他们的仇恨,以及他们自己认为是他们的不良冲动。我甚至会更进一步,建议受治者在潜意识中知道我们是否正确地分析了他们。虽然他们似乎最想得到其他东西,关注、欣赏、爱、食物、安慰、联结,但不知不觉中,他们很有能力欣赏这样一个事实,即精神分析师并不玩他们的游戏,而是对精神分析工作保持正确的态度,这是受治者唯一希望得到帮助的。

在这里,我向你们介绍我关于阐释的第三课,其中我讨论了阐释过程中受治者脑海中正在发生的过程,这可能会减少受治者对不良物品的不良感受。因此,通过阐释所提供的精神纾解(一种焦虑的实际解决方案)是一种独特的感觉,受治者可以这样感觉到。

在更深的层次上,让精神分析师做正确的事情的知识,就好像他的身体内部已经被一个好的、有益的客体予以了正确对待。这种感觉是如此强烈,一旦精神分析情境被确定,我们的受治者就能发现我们可能犯下的技术上的最轻微的错误。如果他们认为我们在正确的路线上工作,并且有能力改正错误,他们的歧

第六课
怨恨分析

视可能会发展到可以原谅我们的错误的程度。但是这种合作只有在精神分析师恰当处理了移情情境，并且总体上避免了额外的分析方法，比如太多的保证等的情况下才有可能。令人惊讶的是，我正在讨论的这种类型的受治者，他们的现实感被扭曲了，他们正遭受着如此多的迫害幻想，同时，他们对精神分析师、他的工作和工作本身的态度有一个真正的概念。

为了阐释这一经验事实，我们必须考虑幼儿的早期情况。无论孩子感觉到多么受逼迫，对父母的观念有多扭曲和幻想，他都会接受父母的实际情况：观察他们的好心，乐于助人以及他们的过失。尽管他可能无法为父母的所有这些不同的真实方面树立起一个完整而真实的画面，但这些并不仅仅是丢失，而是以与头脑中其他任何事物相同的方式得以保留。我在这些课程中指出，爱可以被仇恨掩盖，与此紧密相关的是，现实的人的观念可以被掩盖在扭曲之下。

在某种程度上，孩子接受了环境中的事物，而且对这些真实的人产生了爱的感觉。也就是说，这些对现实生活中的人的感情是与他的欲望、焦虑和其他动机分开存在的，这些欲望、焦虑和其他动机使无助的孩子依恋他的母亲和其他人。这些早期的爱的感觉可能与悲伤、对失去的焦虑和负罪感联系在一起，因为孩子对所爱的对象的幻想攻击是其无法控制的虐待和贪婪的结果。因此，自我试图或多或少地脱离客体，并可能完全背离它，增加它的仇恨，以逃避与爱的冲突。

因此，物体的扭曲图像可能占优势，而真实图像或多或少被掩盖了。这种对事物本质的理解，必然会在移情情境下重现。此外，与此同时，受治者对自己的心理过程以及他人的真实感受和动机的认识也在不断增长。这一点我们甚至可以在对严重的迫害焦虑案例的分析中找到，在这种情况下，受治者对精神分析工作的性质的惊人的洞察力，以及对精神分析师实际所做工作的欣赏，与他指责精神分析师做各种事情的同时存在。精神分析工作的进展依赖于一步一步地增加这种洞察力，它通过减少与幻想对象相关的焦虑和迫害性想法来做到这一点。这一过程与精神分析师支持受治者倾向于责怪他周围的人的情况形成了鲜明的

第六课
怨恨分析

对比。我已经描述过，如果精神分析师这样做了，受治者如何将他的迫害情绪指向外部人物，而精神分析师被视为受治者的好客体。由于精神分析师的这种态度，受治者的洞察力非但没有变得更清晰，反而变得越来越模糊。

在此，洞察力首先是指对精神现实的洞察力。例如，一个心理治疗师可能似乎在吸引受治者的洞察力，如果通过暗示和移情，他让受治者看到房间角落里真的没有一个怪物，当受治者感觉有一个的时候。这种程序显然是粗糙和徒劳的；然而，从原则上来说，这与一种精神分析没有太大的不同，在这种分析中，受治者被允许通过相信精神分析师是一个好客体来掩盖他对幻想图像的焦虑。在我看来，精神分析程序的一个基本目标是，我们应该利用受治者的移情，让他对自己的精神现实有更深入的了解，同时通过逐步减少他的焦虑来改善这种精神现实。这种改善是通过减少这些坏客体的焦虑来实现的，因此也是通过减少因恐惧而增加的攻击性来实现的。这个过程允许受治者对他的内在和外在事物有更好的感觉，也对他自己的爱的能力有更大的信任。

在这一点上，我认为值得一提的是，我们应始终牢记，对移情情境的分析不仅是与早期事物联系在一起，从而表现出对过去的压抑，而不仅仅是对过去关系的复现，而是这也是一种发展过去无法发展的感觉的方式。与以前的人的关系当时只是幻想的人物以及与之相关的被压抑的仇恨和埋葬的爱，在精神分析中得以恢复。通过这种方式，意象的统一可以使感情相对于精神分析师变得自由，这意味着受治者的客体关系已更改。对精神分析师的态度更加理性，这意味着与客体世界的关系通常发生了变化。

在此，我们有另一个治愈标准。弗洛伊德将治愈定义为移情的解决方法仍然有效。在概论课程中，他建议将受治者的神经官能症转变为移情性神经症，并暗示症状可能随着移情中的表达而消失。但是，我们现在认识到，移情仍然必须解决，以便受治者可以对精神分析师形成理性态度，并且我们将其视为治愈的标准，而不是症状消失了。

以我的经验，别无选择，只能采用这种纯粹的分

第六课
怨恨分析

析程序来帮助受治者对精神分析师采取理性的态度。我们已经看到，这不仅意味着要阐释与精神分析师的关系，还意味着更多。根据我的经验，以各种方式使精神分析师对受治者"真实"，例如让受治者了解他在不同主题上的实际观点，以驳斥他的幻想，这是无法实现的。

我完全同意斯特拉奇先生在他的论文《心理分析治疗作用的本质》中所说的，他讨论了精神分析可以帮助受治者认识幻想对象之间区别的各种方式。精神分析师代表的人和他是真实的人。在这方面，他提到精神分析师可能认为最好让受治者清楚地了解自己的真实情况，不过，他接着说：

> 一个自相矛盾的事实是，确保他的自我能够区分幻想和现实的最好方法是尽可能地拒绝他的现实。但这是真的。
>
> （斯特拉奇，1934年，第147页）

在同一段中，当讨论精神分析师鼓励受治者向其

投射好客体的可取性时,他得出的结论是,这同样是不明智的。他说:

> 但是,对于精神分析师而言,以鼓励受治者将"好"被注入的客体投射到身上的方式行事可能同样不明智。因为受治者继而会倾向于将其视为古旧的好客体,将其与古旧的"好"意象结合起来,并把它作为用于防御"坏"意象的保护措施。
>
> (斯特拉奇,1934年,第147页)

在我的文章《儿童游戏中的拟人化》(克莱因,1929年)中,我建议只有将各种幻想图像投射到精神分析师身上并在移情情境下进行分析,超我才会逐渐变得不那么严酷。同时,精神分析师对受治者也更真实。我所说的同样适用于虚幻的坏意象和好意象。我在课程中谈到的那个受治者,在他分析的早期,我做了两个小时的分析,试图把我变成一个幻想中的好人物。我被暂时放在一个基座上,并被赋予神奇的好

第六课
怨恨分析

品质。但是在分析的过程中，这已经发生了很大的变化，在我所说的分析阶段，我显然已经变成了一个好的、有用的人物，而不是以一种夸张或不可思议的方式。受治者非常欣赏我工作的价值、我对他的态度等等，但同时也能提出批评。在整个精神分析过程中，对我的负面感觉以及某种程度上对我的焦虑都以不同的方式表现出来。但这两个小时揭示的是，他仍然把我作为一个好对象，部分是为了掩盖他对我是一个危险的迫害者的焦虑。我认为，总的来说，重要的是不要被受治者的这种积极态度所迷惑，而是要警惕他对精神分析师的敌意和对他的恐惧。如果这些能够被识别和分析，就有可能减轻受治者对他所迫害的意象的焦虑，通过这种方式，精神分析师可以真正成为受治者的一个好客体。

在这堂课中，我经常提到分析移情情境中的幻想的重要性。我想再次强调，只有通过阐释，幻想所来自的冲动被复活，幻想对受治者来说变得真实，这才是有效的。但是，只有当阐释确实建立了冲动、幻想和目标之间的联系，即它们所指向的精神分析师，这种联系才会出现。然后，此外，我们必须将幻想和情绪与它们所经历的早期情况联系起来。

在精神分析技术课程中，有许多重要的问题需要讨论，但是因为我没有时间去做，所以我只是随便挑出一两个问题。

攻击与焦虑之间联系的重要性

其中之一是近年来已被大量研究的攻击的重要性及其与焦虑的联系，我们对此需要更好地加以了解。我认为，一些精神分析师会遇到困难，因为尽管他们将注意力集中在攻击性幻想和受治者冲动上，但他们无法继续前进。我认为这是因为他们未能跟进攻击、焦虑、内疚和补偿之间的联系。

受治者经常发现无法体会他们的爱。例如，我的受治者从攻击和不喜欢开始，他的攻击性爆发部分是为了掩饰对爱的焦虑。此外，攻击性是对精神分析师、他的耐心、他的弱点等的一种考验。受治者对精

第六课
怨恨分析

神分析师的持续尖锐批评，有时会把他们撕成碎片，这在一定程度上是为了让他们做得更好。有时，这是由精神分析师的受虐狂和他不理解愤怒覆盖了多少与抑郁状态相关的动作，包括努力做好等引起的。仅仅谈论爱的感觉是不够的，因为有必要弄清爱和恨之间的具体联系。在移情情境下，以及在受治者的早期关系中，嫉妒和沮丧引发仇恨的整个恶性循环都需要被打破。举例来说，一个受治者开始时表达了她的仇恨——恨我并相当自由地批评我，但后来，她觉得最轻微的负移情迹象是极其痛苦的。她觉得当爱的感觉出现并在移情情境下被理解时，意识到她和我的竞争变得痛苦。

通过阐释建立联系

我经常在这些演讲中强调通过阐释建立联系的重要性。我认为这通常是解释和技术最重要的方面之一。但这同时对初学者来说是最困难的问题。显然，我们无法同时阐释我详细指出的所有不同联系。但是我们必须在任何时候建立那些在那一刻最紧迫的联系。毫无疑问，我们要掌握和阐释的联系越多，材料中就会越明显。

在最大紧急情况下进行阐释

我现在要参考我在《儿童精神分析》一书中提出的一些建议，尤其是从第二章开始，因为与本课程有关的一些结论在我看来也适用于涉及成年人所的课程。

从上述观点可以得出结论，不仅及时的阐释，而且深入的解释都是必要的。如果我们注意到所呈现的材料的全部紧迫性，我们会发现自己不仅有义务追踪代表性的内容，还必须追踪与之相关的焦虑和负罪感，一直追踪到被激活的那一层大脑。但是，如果我们按照成人分析的原则来塑造自己，并首先

第六课
怨恨分析

着手接触头脑的表层——那些最接近自我和现实的——我们将无法实现建立精神分析和减少儿童焦虑的目标。反复的经历让我相信了这一点。对于那些只处理材料的象征性表达，而不关心与之相关的焦虑和负罪感的解释也是如此。一种解释，如果没有下降到被有关的物质和焦虑所激活的那种深度，也就是说，没有攻击潜在阻力最强的地方，而是首先努力在最暴力和最明显的地方减少焦虑，那么这种解释将对孩子没有任何影响，或者只会在孩子身上激起更强的阻力，而不能再次解决它们。但是，正如我已经在我对彼得的分析摘录中试图阐明的那样，在这样直接渗透到心灵的那些深层时，我们无论如何也不能完全解决那里所包含的焦虑，也不能以任何方式限制在上层仍然要做的工作，在那里必须分析孩子的自我和与现实的关系。儿童与现实的关系的建立和自我的强化只是非常缓慢地发生，是精神分析工作的结果，而不是先决条件。

（克莱因，1932年，第25~26页）

换句话说，阐释应该及时，也就是说，应该在精神分析师检测到潜在焦虑迹象时给予阐释。它必须是特定的，换句话说，应该针对与最大潜伏焦虑和内在冲动有关的那部分材料。它必须与在那一刻被激活的心智层相连。所有这些暗示着，阐释应该在潜意识材料的紧迫点上介入，因为它与移情有关。

紧迫点的体现是同一潜意识内容的表现形式的多重性和重复性（通常以各种形式出现），在某些情况下还表现为这种表现形式所具有的感觉强度。如果精神分析师在对孩子进行分析时忽略了此类紧急材料，通常会中断游戏并表现出强烈的抵抗力甚至焦虑，这可能导致他跑出房间。一个成年人可能会表现出类似的反应，如果精神分析师错过了对移情的阐释，这很容易发生。

第六课
怨恨分析

移情阐释与额外移情的话语关系

在本课程中,我已经非常了解移情阐释的重要性,现在我想与你们详细讨论移情阐释与额外移情之间的关系。这让我们考虑似乎需要所谓的"额外移情"阐释的那种材料。例如,受治者可以告诉我们当前事件、他的活动和兴趣。艺术家可以谈论自己的作品,或者可以详细说明现在或过去的恋爱关系,并恢复与这种经历有关的所有情感。同样,受治者可能会反复谈论并哭诉其母亲或另一个所爱之人的疾病和死亡,再次遭受与这种损失有关的所有痛苦。当然,当前的各种资料以及历史资料都占据了很大一部分分析范围。

精神分析师首先应该给受治者充分的机会,以减轻自己的所有情感,并表达出他对所专注的特定主题的想法。此外,他应该以同情的态度倾听受治者的心声,包括在情感方面,并符合他自身目前的利益。我认为这一点需要强调,因为让受治者感到精神分析师对他所有关注都充满了兴趣是非常重要的。

对于精神分析师来说,对受治者所关注的主题有一些实际的了解是非常有用的,但往往是困难的,如果不是不可能的话。但绝对必要的是,精神分析师在智力上对受治者感兴趣的一切都感兴趣。夏普小姐在她的精神分析技术讲座中也强调了这一点。在给受治者充分空间来发泄他的感情和理清他的思路后,精神分析师很可能会对受治者告诉他的事情说些什么,这样做本身也很重要。

我不认为这些中间言论是对整个词义的阐释。我认为阐释是一种肯定会建立联系的动作,在这些联系由于潜意识的原因而中断的情况下。我相信,即使在意识和潜意识之间建立联系也总是意味着与潜意识的联系。现在,精神分析师就此特定主题向受治者指出了受治者尚未意识到的某些联系,他已经开始研究这种体验或与受治者的感受之间的联系,幻想和他的潜意识冲突。

第六课
怨恨分析

因此，就历史资料而言，我们正朝着受治者的早期情况发展，从那里我们将很快回到移情情境。就目前的材料而言，情况可能恰恰相反。我们从现在开始，从过渡局势开始，然后回到过去。无论受治者说什么，参考他的实际生活或他的历史，移情都不是一件容易的事。毕竟，我们决不能忘记，受治者躺在床上或沙发上与精神分析师交谈，而所有的关联都属于移情情境。因此，他与自己、与精神分析师的关系尽可能少地与自己的幻想和潜意识不发生关系。这也显示出这样一个事实，即无论受治者对自己的主题有多大的兴趣，他都会立即发现精神分析师的兴趣有所减少。

我相信，即使是额外移情材料也总是与压抑的童年时期有某种联系，并且会继续或导致对移情的解释。我发现，如果我们牢记这种联系，并意识到移情与早期历史之间的不断波动，那么精神分析就不可能陷入混乱状态，因为我们将所有这些"夹在中间"——如果我可以这样形容的话，就像串珠。过去或现在的经验，不能单独考虑，即孤立，因为它总是与人们的幻想生活和他的潜意识冲突以及在精神分析过程中与移情状况交织在一起。但是，我们需要充分了解移情的极端多样性和多变性，以及受治者可以用来掩饰和转移它的循环方式。

精神分析过程并非仅通过阐释来进行，某些时候精神分析师将需要将它与移情相联系

从我刚才所说的，我希望已经变得清楚，我不是说精神分析程序只通过阐释来执行，也不是说精神分析师应该一直阐释。首先，他必须给受治者充分的机会来表达他的想法和感受，同时他也在收集受治者希望阐释的材料。在正常的事件过程中，他不应该阐释得太快，而应该让受治者继续坚持一段时间。当然，甚至在受治者说完他要说的话之前，精神分析师就应该给出解释，这可能是有原因的。出于紧急的原因，这可能是必要的，尤其是如果发现了焦虑的迹象。如果受治者不给精神分析师一个解释的机会，这

第六课
怨恨分析

也是必要的。但在这两种情况下，精神分析师在阐释时必须非常小心，在特定的时刻，他会选择把自己的阐释放进去。

同样，最好不要给出阐释，即使受治者处于焦虑状态，阐释也是足够的，因为精神分析师必须强迫他这么做。有时候，对某些受治者来说，精神分析师说话的事实是如此不可忍受，以至于仅仅因为精神分析师说话的事实而引起的焦虑可能远远超过解决一些焦虑所带来的解脱。

这些情况中的每一种都要求精神分析师采取单独的方法，因为受治者只能凭一时冲动决定什么是正确的。我有过这样的受治者，他们不能容忍精神分析师的讲话，所以我不得不做出妥协，推迟讲话，直到他们对此做好准备。其他受治者如果已经讲了一个小时的大部分时间，就只能容忍我阐释。在这种困难的情况下，更重要的是要活得快，并以一种特定的方式对自己的阐释进行计时。当然，我们一直在分析更深层次的原因，这些原因导致了受治者不断说话的冲动，或者导致了他对精神分析师说话的不容忍，所以最终情况变得更容易了。

精神分析师面对潜意识的能力

在这个课程中，我对精神分析师面对潜意识的能力、追求真理的能力等做了很多阐述。所有这些都与洞察密切相关，在受治者身上阐明这一点非常重要，但首先，这一点必须在精神分析师身上发挥足够的作用。我们都知道精神分析师自己会有某些困难，这些困难可能会也可能不会妨碍他的工作。我认为，一定程度的焦虑不一定对他的工作有害，如果它与对他自己的困难的洞察力相结合，因为这种洞察力将使他能够有效地处理他自己的焦虑。即使是一个稳定的人格也不能完全摆脱焦虑，因为这可能是由外部或内部原因引起的。精神分析师可能比任何其他工作人员都更希望通过激发、研究或处理受治者的焦虑来激起他的焦虑。这就是为什么精神分析师的分析在某种意义上永远不会结束。如果他认识到自己的焦虑，

第六课
怨恨分析

这意味着他对自己的精神现实有足够的洞察力，如果这些焦虑没有过度，他将有能力分析性地处理它们。然而，如果他倾向于用各种手段（例如躁狂防御）来掩盖它们，那么他就有可能对自己的焦虑和受治者的焦虑失去洞察力。我认为，在考虑精神分析师的天赋或工作品质时，最重要的一点是，他应该具备洞察自己精神现实的能力。广义地说，各种类型的精神构成，而不是临床意义上的，我可以说，根据我的观察，抑郁型的人似乎拥有比其他人更多的这种洞察力。

自我分析和局限性意识

这个题目导致我进行了精神分析师的自我分析。正如我之前所说，他必须对自己的焦虑和困难感到欣慰。当然，如果他的生活中有些事情引起悲伤或忧虑，那么这变得很紧迫，但是即使什么都没有发生，并且精神分析师似乎对他的工作进行得很愉快，这也是事实。

　　自我分析是最重要的,但如果这还不够,则可能需要进行更多分析。当然,精神分析师的能力各不相同。他们的经历以及洞察力和理解力的天赋各不相同。有时这会影响精神分析师对受治者的选择,因此了解自己的局限性很重要。初学者可能并不总是能够处理每种情况。如果他们对受治者的了解不够,他们可能不得不放弃或尝试从经验更丰富的同事那里寻求帮助。同样,必须牢记同时有太多困难受治者的压力。显示负面治疗反应的病例可能特别困难。

分析师的日常生活

　　分析师的日常生活在他的分析工作能力中发挥着重要作用。他必须能够享受假期并拥有令人满意的生活方式。如果他对生活和其他人有各种各样的兴趣,那么他的受治者对他就不会有太大的疑虑。为了能够应对受治者的困境和焦虑，他应该能够在日常生活中获得轻松和愉悦，这可以抵消对他的工作产生的影响。

第七课

1958年精神分析技术研讨会

1. 您能谈谈过去40年中精神分析技术发生的变化吗？

克莱因夫人：这些问题看起来很像一份考卷，但好在我已经答完了。回答第一个问题将会是一个很大的挑战，但是我会一试。

读过《精神分析的新方向》（克莱因，1955年）中第一篇文章的人会知道，这篇文章对我如何开始工作做了一个小小的调查，包括我遵循了哪些原则和没有遵循哪些原则。那时，儿童精神分析还很不成熟。胡格·赫尔姆斯做过一些工作，但很少，因为她强调不要阐释。她使用了游戏材料和绘画，但没有发展出一种精神分析技术。

第七课
1958年精神分析技术研讨会

然而，人们对精神分析技术的一般态度有所发展，而且大多反对开展儿童精神分析。一个原因是你不应该阐释太多，如果阐释了，就不应该深入。这或多或少是心理分析中对成年人的阐释的一般态度，它会更适用于儿童。从一开始，也就是在1919年，我发现在接近孩子时首先要考虑的是他的焦虑。我从一开始就被吸引住了，当我被问到"为什么"时，我无法给出答案。然而，每当我发现焦虑的时候，我都会阐释，当然，我一点也没有坚持我不应该阐释太多或者我不应该阐释太深的想法。事实上，我几乎没有注意到一个人不应该阐释的规则。

我必须补充一点，在这样做的时候，我不知道自己已经被认为是叛逆者。我花了好几年才知道自己确实如此。但是，有很多与成人精神分析技巧有关的要点需要提及。我已经说过，当时，成人不应有太多的阐释，也不能有太深入的想法。很难说古典精神分析技术的概念从何而来，但是多年来一直在出现这样的情况。即使到现在，你们仍然可以听到有关"古典精神分析技巧"的信息。

是的，我知道柏林有一位非常杰出的精神分析师，他当时说，有时候几个月过去了，他一句话也没说。所以这肯定是一种态度，尽管我有充分的理由认为弗洛伊德不同意这种态度，我也肯定亚伯拉罕不同意这种态度。但是如果我将今天的阐释与亚伯拉罕时代的阐释相比较，现在有更多的阐释，更重要的是它们更深入，它们与潜意识建立了更多的联系。当然，今天我们仍然先看我们在意识中能看到的东西，并从那起始；但这是完全不同的东西，你知道。我们从移情情境中得出结论，从而能够深入下去。

因此，可以说精神分析技术的变化是根本的，实际上意味着一种不同的方法。焦虑的方法和移情的方法这两个方面是相互联系的。我相信只有当这种方法专注于情绪，尤其是焦虑时，这种精神分析技术才能得到发展。

众所周知，即使在今天，不同主张之间、不同精神分析技术之间差异仍然很大。我只能说我和许多同事正在使用的，即从一开始就更加重视潜意识和移情情境。

第七课
1958年精神分析技术研讨会

现在,每个初学者都对自己应该解释什么,为何以及如何解释这一问题感到困扰。过犹不及,他应该多久再引入潜意识等概念?对此很难制定任何规则。我知道,从一开始,我就坚信我应该在每个小时内对移情做出阐释,回顾我的最初努力,我会说我一直都这样做。

当然,我之所以走自己的路,是因为我看到阐释的结果,焦虑感有所减轻,情况有所改善。这就导致了人们对环境中的人物如何感觉与移情关系的理解,而我学会了从它们去往的地方捕捉它们,并将它们与精神分析师联系起来。这种发展不是突然发生的,而是逐步发生的。我应该说,从1926年以来,我的精神分析技术没有发生根本变化。焦虑的方法从一开始就存在,移情也从那里开始,但是由于潜意识的引入,思考和发展的方式有所发展。因此,目前我们发现,至少有许多精神分析师采用了与1920年截然不同的精神分析技术。

即使在使用相同原则的精神分析师中,精神分析技术也是非常多变的。人们永远无法确定两位精神分析师会在同一时刻给出相同的解释。可以说，两位遵循相同原则的精神分析师可能会在同一个会议上提出相同类型的解释，即使当时的顺序可能不一样。因此，很难建立一个规则。现在，与其他精神分析技术的比较是一个令人厌烦的话题，我无法理会，因为我发现判断别人的精神分析技术是极其困难的。我想说的是，对潜意识和移情的强调是它们的显著特征。我对如何做具体工作没有绝对的方法；这在监督中要容易得多，因为这样人们就可以判断同事做了什么，觉得自己还可以改进什么，并从中发展出一幅可以使用的精神分析技术的图景。

我认为此刻我将保留它，因为可能会有更详细的问题需要我们解决。我想指出，这是移情阐释何时进入的问题。在这里，我发现这确实因人而异。就像我说过的那样，使用相同方法的精神分析师可能都会同意移情必须进入，但移情是否会立即进入？我记得一位非常善良的候选人，一直因我没有充分使用移情阐释而感到恐惧。他以为我会在每个句子和每个单词中引入移情。好吧，我试图解释一下，这还不是全部。

第七课
1958年精神分析技术研讨会

当然，即使是在开始分析时，我们也要仔细观察移情是如何发生的，但是受治者可能有很多事情要告诉我们，他的病史，他的经历，他的麻烦，以及可能随时发生的情况。当发生这种情况时，当然应该让受治者有足够的能力来做到这一点，而不一定要随同移情而来。很难说什么时候合适进行移情。这实际上是精神分析师与受治者之间联系的问题。当移情被感觉到时，也就是移情进入的时刻，那么人们就必须对移情做出阐释。

现在，我知道这很笼统，但是我真的不知道如何使它更具体。如果受治者充满了他刚经历的某种麻烦，或者过去确实发生过的某种麻烦，并且已经复现，那么尝试立即进行移情可能会犯下很大的错误。一个人会全神贯注地意识到这一切的潜意识是什么，以及它与精神分析师之间的关系，但人们必须选择合适的时机来引入这两个因素。我们现在暂时搁置这个问题，继续下一个问题好吗？

伊莎贝尔·孟席斯：克莱因夫人，可以打扰一下吗？如果回答我的问题，会打乱您的思路吗？

克莱因夫人： 是的，我已经没有思路了。

伊莎贝尔·孟席斯： 我真的是在考虑一种特殊情况，也就是在指导学生时的情况。我发现自己经常告诉他们，当时他们实际上是分析师。我想知道这是否与您要说的相同，有时受治者确实将您当作精神分析师，而不是在谈论他们的母亲。因此，以为他们是受治者的母亲可能是错误的，而实际上他们可能完全不同。

克莱因夫人： 我对此有更好的理解。

伊莎贝尔·孟席斯： 嗯，有时候看起来很清楚，受治者对精神分析师的实际情况有着相当现实的理解，精神分析师的角色是什么——事实上，有时候在移情过程中，一个人根本不是别人，而是真正的精神分析师，受治者把他们的材料带给你，把你作为一种主体。

克莱因夫人： 我认为我不太同意。我的意思是，即使受治者没有生病，例如正在学习并想学习的受治者，他们也正在与精神分析师交谈，那个既了解他们又帮助他们的人。然后，他们可以卸载自己或从精神

第七课
1958年精神分析技术研讨会

分析师那里获得知识。没错,我想我会允许的。但是当他们这样做时,其背后的想法是什么?

伊莎贝尔·孟席斯:哦,确实如此。我在想,受治者从一开始接触你,到他们让你扮演什么样的角色。但目前我仍然明白你的观点,即打断受治者说你是受治者的母亲、父亲或某个人可能是错误的。

克莱恩夫人:是的,这是事实。因为那时他可能非常关心他过去的麻烦或经历,并且想要报告这些,或者甚至是一些当前的经历,但是你要记住,当他求助于分析师作为一个有用的人时,我理解你的意思?如果他变成了一个有用的人,那就有一个原型。他求助的是乐于助人的母亲,或者乐于助人的父亲。还有其他问题吗?我认为我赞成我们继续逐一解决这些问题。

汤姆·海莉(Tom Hayley):我建议任何想说话的人举起手来,然后我会说出他们的名字,这样我们就可以很清楚地知道了。

2. 初步面谈的指导原则是什么？

克莱因夫人： 那要视情况而定。当声音令人沮丧时，看受治者的医务人员所处的位置与我通常所处的位置不同，这也是事实。我的意思是，将他人的感受作为我做一个好的精神分析师的前提。还有很多其他要点，但这当然是其中之一。即使在日常生活中，也要感觉他人的感受，这一点也很重要，这样它不仅适用于心理分析，而且是精神分析的前提。经验具有很大的帮助。我认为并没有天生的精神分析师的说法，那是不正确的，但其中有些道理。天生的因素会影响我们是否可以帮助某人成为一名优秀的精神分析师。这不仅是一种技术，而且还有很多其他应用，而且如果您真的可以帮助精神分析师找到解决受治者情绪的方法，即使是沉默也可以，这就是我们要做的一点。这是一门可以发展到一定程度的课程，但只有到一定程度，才有一定的起点。

第七课
1958年精神分析技术研讨会

3. 对于如何应对受治者的沉默，您有何看法？

克莱因夫人：这也是一个非常棘手的问题，我甚至不知道我是否可以用它做任何事情。很难说出是做什么的，因为根据沉默的种类，根据受治者的不同，根据前面的材料，对于整个分析情境，它建立了多远，有时甚至感到沉默绝对有这样的含义。现在，没有人是无所不知的，因此不能确定一个人是否获得了正确的沉默，但是可能有一些因素可以帮助一个人。例如，正如我所说，上一课的材料，您已经了解的有关受治者态度的信息，受治者所处的整体情况；所有这些都有助于了解。是一种固执的沉默，是一种受治者说"我不想与你有任何关系"的沉默，一种是一种绝望进入的沉默，仿佛在说，"我知道我说我永远无法减轻自己的负担，有太多困扰我吗？精神分析师可能永远无法帮助他，使他感到绝望？您已经看到，根据这些各种可能性，可以采用多种方式来处理沉默。当然，第一件事是，当受治者保持沉默时，精神分析师不应太着急。而如果精神分析师变得过于焦虑,则受治者会立即感到。

精神分析师也不应愤慨。在一个很久以前的案例中,我回到柏林,听说受治者不说话时,精神分析师会拿起报纸阅读。好吧,我不能支持这一主张。我的意思是,如果精神分析师感到不满意,或者当精神分析师希望他阐释时由于受治者保持沉默而感到沮丧,那么这种情况已经以错误的方式解决了。首先,精神分析师应设法了解受治者为何保持沉默;他还应该给他机会保持沉默。当然,我看不出受治者为何无法保持沉默片刻。随着时间的流逝,人们可能会发现这意味着什么,例如,为什么受治者必须花几分钟才能开始。但是有时受治者中有些事情使他根本很难开始,然后我们可能会习惯于他沉默几分钟才开始对话。现在,根据沉默是否表示绝望,或者非常重要的是表示不信任或怀疑,可能会影响我们对沉默的阐释。

有时,人们可能会通过一个简单的问题"您在想什么?"来迫使情况出现,有可能我们会及时了解为什么有必要让受治者首先说"您在想什么?",因为

第七课
1958年精神分析技术研讨会

毕竟他非常清楚我们对此感兴趣，因此他需要做些让我向他提出问题的事情。但是，我认为提出问题，查明为什么对他如此必要以及按其查明原因没有任何害处。在进行阐释时，应考虑整个上下文。

可能需要鼓励受治者，他可能需要看到我真的要他说话，他甚至需要听到我的声音，他可能需要找出我仍然和昨天一样，他甚至可能在测试我，看看我不说话时是否能获得更多的信息，所有这些都可以进入情况。通常，如果说"您的想法"解决了难题或"您在想什么？"，那么我们将及时了解受治者为什么需要我们这么说。也就是说，如果这是重复的事情，并且几乎每个小时都是这样开始的。

当怀疑引起沉默时，这种情况我们会一再遇到，尤其是在青春期或有小孩的时候，那么我会说我的第一个猜测是受治者对我感到害怕。例如，如果一个孩子不动，不给任何手势，既不说话，不玩，也不做任何其他事情。然后，我会阐释为我是一个陌生人，他对我或对他担心的某个人表示怀疑。我在《儿童心理分析》（克莱因，1932年）中给出了几个实例。那或多或少是我们感觉自己走向困境的情绪状态之一。

就像我说的那样，有可能，而且经常有这样一种情况，受治者会感到绝望，并且觉得没有什么话会有所帮助。那么，"您现在在想什么？"这个问题可能会让他开始时说"我真的不能说，因为那太可怕了"之类的话，那么我们已经有办法了。

我当然知道有些受治者能够沉默半个小时，而我不赞成一直等待。我赞成等待几分钟，最多十分钟，然后我真的觉得必须做些事情。在那段时间里，我会想起上次见面发生的事情，以及我对受治者的了解，现在我不是在谈论精神分析的开始，然后我将对沉默做一个阐释。我发现很多时候我们可以让受治者讲话，而我们更接近他的想法。

当然，还有其他沉默，我也认为这很重要，在这种感觉中，受治者只有躺在沙发上，保持沉默并感觉到"这里是一个地方"。最后我可以安静地躺在那里，不需要说话。这是一种截然不同的态度，也有截然不同的心情。在这种情况下，我们可能很快会发现他正在重复往昔的快乐，这种感觉是"我明白，这里

第七课
1958年精神分析技术研讨会

没有必要说话，没有它们我也可以做到"。当然，这需要一种不同于我先前讨论的阐释。

在开始进行精神分析时，我认为通过向受治者阐释很难开始是很容易出错的，因为他觉得很难透露自己的想法，或者我正试图找出他的想法，并且这可能引起怀疑。也许甚至会重复他过去讨厌的情况。这通常是受治者在第一节中的桥梁，以帮助他开始说话。但是，当然，您这个问题的范围很广，以至于我真的不知道您问题的正确答案。

4. 伊莎贝尔·孟席斯和斯坦利·利提出的关于反向移情的其他问题

伊莎贝尔·孟席斯：我只想就反向移情问题提出一点。我想知道您是否想详细阐述反向移情对理解和阐释沉默的价值。

克莱因夫人：除了您在这里给我的所有内容以外吗？

伊莎贝尔·孟席斯：确实是由有关沉默的特定观点引起的。

克莱因夫人：好吧，我想，如果我从这一点开始，那么我就不得不再多谈一点反向移情，这是近年来流行的极端现象。现在，当然，受治者一定会在精神分析师中激起某些感觉，这根据受治者的态度和受治者类型而有所不同，但是，这些当然是谨慎分析师自己必须采取的方式。我从来没有发现反向移情帮助我更好地了解了我的受治者。但是，我可以这样说，我发现它帮助我更好地了解了自己。

在这里，我想回到过去，我记得在柏林有句谚语："如果您对受治者有这样的感觉，那就走到角落，仔细考虑一下您的问题所在。"现在我认为是对的。如果受治者激起我非常强烈的感觉，无论是焦虑还是预感，或者其他任何事情，都有一百种可能性。我真的很想知道为什么我能以这种方式对这种情况做出反应，而不是为什么受治者会在我体内引起这些感觉。我很清楚，有些受治者的个性可能比其他受治者更吸引我。但是，这里又必须非常小心，因为所谓

第七课
1958年精神分析技术研讨会

的过于积极的反向移情可能是比否定的反向移情更大的错误。对于反向移情，我认为它是不由自主地发生的，它是在人们感到焦虑困扰时立即发生的。再说一遍，这是一个经验问题，有时人们可以当场真正得出关于自己正在发生的事情的结论。

因此，我找不到一个案例，证明反向移情是了解受治者的指南。我看不出这种逻辑。显然，这与精神分析师的心态有关，无论他是被放逐，还是容易被激怒，被失望，甚至变得焦虑，强烈地讨厌某人还是强烈地喜欢某人。我的意思是，与精神分析师有很多关系，我从很长一段时间以来的经验中感到，我宁愿在自己犯错时从自己的内心去发现，我一直认为这是因为对我自己没有足够的把握。我当然犯过错误，但是我非常倾向于研究那些错误并找出导致我犯下这些错误的原因，然后我通常发现这对我自己来说是一个困难。

现在，这种方法似乎太理想化了，因为可以说这样的受治者将利用一切机会来批评精神分析师，尽管这样的受治者已经获得了帮助，但他显然不愿意接受任何帮助，尽管这样的受治者是一个恼人的生物。但这并不是精神分析师应该对他采取的态度。您可能会说我提出了一个人们无法遵守的理想，但是我确实认为，如果一个人能够掌握造成困难的原因，那将是非常安全的基础。用反向移情说，因为一个受治者在我身上激起了这种或那种感觉，我可以从这个事实更容易得出我对受治者的结论，我不相信这一点。我的意思是，我认为我是从受治者身上发生的事情，他的物质，他的情绪，以及我在受治者身上看到的东西得出的结论，而不是他在我身上提出的结论。

有些情况可能真的是不可能的，因为我记得弗洛伊德说过，尽管我再也找不到了，他不能分析任何太"吝啬"的人。也就是他瞧不起的人。好吧，如果发生这种情况，我想最好不要分析病人。

在这种情况下，可能会产生强烈的焦虑识别，这是反向移情会引起非常焦虑的因素。它特别适用于重病受治者。有一种感觉，他们正在将他们的全部沮丧，他们的愤怒，他们的全部嫉妒以及他们所拥有的一切都融合为一体。现在，所有这些当然是分析情况

第七课
1958年精神分析技术研讨会

的一部分，尽管人们可能对此有所感触，但我确实认为，如果人们了解正在发生的事情，它将变得更加清晰。一个人意识到受治者正在将某物推入我体内，这取决于我是否让他将其推入我体内。我的意思是，我们这里有两个人，他把它推到我身上，但我不会把它推到我身上。我宁愿考虑他在推动的那一刻在做什么。听起来很完美，我不想这样说，因为我知道达到这一点需要大量的经验，耐心甚至是宽容，而且没有人立即提出来。但这是一个原则问题，这就是我的答复。

反向移情在精神分析中有什么用途？在无法避免的反向移情的情况下，我想说，精神分析师应该对其进行控制、研究和使用，这是为了他自己的利益，而不是受治者的利益。还有其他问题吗？

利博士：克莱因夫人，反向移情和您之前提到的成为优秀精神分析师的必要条件有何相似之处？

克莱因夫人：您现在所说的话很多，因为要能够接受治者某些不吸引人的特征并不容易。说一个具有非常卑鄙特质的受治者，一个外向的特征就是要尽我所能，因为他的态度是他从别人身上得到他所能拥有的一切，然后转身离开。我们把这样的角色当作受治者对待，而雷医生刚才所说的与受治者有很大关系，那就是对受治者的同情。如果没有对受治者的宽容和同情，就无法完成出色的精神分析工作。

如果我们发现这样的性格特征对自己不利，我们可以尝试，而不是感到"现在我不能忍受这个受治者"或"证明他就是这个或那个"，我们可以尝试了解他。相反，我们可以感觉到"如果他如此贪婪，那我想研究他，这是他心理的一部分，这就是为什么他来找我，这就是我想了解的东西"。这种态度的背后是另一个要素，不仅是同理心，这是我们希望知道的。

现在，我认为，希望成为一名精神分析师非常重要。无论思维如何，都希望探索思维。这是我提出的另一种理想，我希望您一言以蔽之，因为我希望我不要因为提出如此崇高的理想而吓到您。但从某种程度上来说，我认为这确实是一个先决条件。是否取决于他对我的抢劫是否使我感到他是否已经从我身上窃取

第七课
1958年精神分析技术研讨会

了我所有的思想,取决于我自己的内部稳定感。或者在我帮助他后的下一刻,导致他的态度说:"哦,但我一生都知道。"

问题是,"我会为此烦恼吗,还是我应该考虑他为什么有这种态度?"为什么当他寻求帮助并获得帮助时,他下一刻会觉得他必须贬低这种帮助呢?某种程度上,也许正是这种态度帮助我更好地理解了嫉妒。我一次又一次地发现了这种态度。受治者得到帮助的那一刻,他下一刻就会提出一些使他刚得到的东西贬值的东西。如果我依靠自己的感受,我真的不知道会得出什么结论。但是我从对受治者性格特征的观察中得出了结论,并且我想了解他为什么会发展出这种性格特征。

当然,我们知道受治者有时会大声呼救,如果我们考虑到他的病史,我们可能会发现情况增加了他的需要感。然后,我们可能必须了解他的需要如何使他感到他无法忍受与上级在一起。事实证明,他童年的一个重要特征是他无法忍受那些似乎总是懂得更多、有时比他更好的成年人。所有这些都是一个有趣的研究问题。

　　现在，与我们经常使用的镜像业务相去甚远。我再也没有从字面上引用弗洛伊德，分析师是一面反映一切的镜子。那是不对的，分析师是一个有感情和兴趣的人。他不只是一面镜子。他的主要目的是研究受治者，了解他并帮助他。在这里，我必须补充一点，我不能相信分析师如果只想学习，只想探索思维，就可能会非常有效。那就是共情的问题出现的地方。如果分析家也有这种感觉和希望帮助的话，那就令人惊讶了，这多少增加了受治者的忍耐力和承受不幸事情的能力。不愉快的事情之一是我们的失败。如果我们发现，经过如此精美的诠释，而受治者却又陷入焦虑和烦恼的境地，那么，我们就不得不面对失败的感觉。我们甚至必须怀有这样的想法，即某些分析可能完全是失败的。我们并不总是成功。

　　对受治者及其脑部工作的兴趣必须放在首位，必须真正成为我们所做工作的重点。如果我们能够将自己投射到受治者身上，当然这就是投射识别的输入点，这也取决于投射之后的情况，那么我们就不会感

第七课
1958年精神分析技术研讨会

到生气，我们应该整体上，能够研究他，并能使他从我们的阐释中受益，有时却没有。

5. 您在什么情况下会支持精神分析师提出问题？

克莱因夫人：尽管这一直是一个有争议的问题，但这是一个简单的问题。我认为我们必须以材料为主导。举一个例子，有人告诉我，这样的事情只是在他的花园里发生的，而邻居却做到了。他给了我们材料，但是我们想澄清一点。我们不会打扰他，但在下一个可能的情况下，我们会说"哦，这是您的花园吗？"或类似的意思。这个问题不应该是突然出现的，而应该适合其中的材料以加以澄清。

我认为我们可以和孩子一起提问，我举了例子。当一个孩子在玩耍时，我说"那是谁？"他会说，"那是约翰"，他的兄弟或类似的。但是我们不能太容易地假设，当我们问孩子一个问题时，我们会得到正确的答案。但是在很多时候,当孩子真正在向我们展示一些东西的过程中观看游戏时,我们能够提出问题并获得答案。如果我们只想通过问题来获取资料,我们当然会迷失;很明显,我们不能那样做。我向您提出的问题有时可能使受治者开始谈论"您在想什么?",这是一个非常中立的问题,但是如果我们开始问"昨天您在做什么?"或"昨晚您做了什么"或"您为什么会这样?"或类似的问题,这些都是不太好的问题。问题必须适合材料;他们必须在受治者确实向我们提供材料的那一刻才出现,然后才是为了澄清这一点。在这些情况下,问题可能会有用。

6. 精神分析师是否应指出受治者似乎错误地认识到的事实情况?

克莱因夫人: 恐怕这个问题一般很难回答。我想说,如果受治者得出结论,即他通过材料和阐释错误地认识到了现实情况,那当然会好得多。但是有时

第七课
1958年精神分析技术研讨会

候，我们可以向他展示，作为一种阐释，他的观点有多扭曲。例如，当他猛烈地指责我或其他人，然后携带表明他已将愤怒投射到我身上的材料时，我会发现这种情况确实是无害的。在阐释开始时，我不会指出这一点，但是，如果材料变得更加清晰，我可能会告诉他，从特殊的角度看待他的情况。我认为这确实是阐释的一部分。

［与几个人进行了热烈的讨论之后，似乎一直保持沉默。］

克莱因夫人：现在，我似乎让所有人保持沉默，但我希望我提出的这些原则不会对您构成威胁，因为您必须像我说的那样完全地接受它，没有人能完美地做到这一点，仅此而已。我们说的是某个人针对的东西，或者可能有助于获得一种态度的东西。

7. 关于间隔期间的反向移情的进一步讨论

在录音中的这一点上，汤姆·海利提到，然后有一个间隔，在此间隔期间，人们会进一步讨论反向移情，特别是与精神病受治者有关的问题。克莱因夫人表示反对使用反向移情作为阐释的材料，并回顾了她柏林时代的一些临床材料。录音带的以下部分变得难以解读，但似乎是指克莱因在柏林与一名令她感到恐惧的受治者一起工作时的情况。

克莱因夫人：顺便说一句，受治者最终还是回到了庇护所，当时正由我当时对精神分裂症感兴趣的一位同事接受治疗。他把他从避难所救出来，并试图对他进行治疗，但是他与他的相处并不远，因为他想去度假，所以他联系了我，因为他认为我会最有用。他甚至没有警告我会面临什么。他只是说，请您让一个受治者一个月，因为他是精神病受治者，不能让他一个人待着。他告诉我，他需要有人来继续进行分析，我说是的，就在那里。从第一届会议开始，我感到自己面临危险。实际上，在那种情况下，尽管有人告诉我这将是毫无疑问的，因为我无法通过精神分裂症受治者获得正移情，但我设法获得了正移情。之后，有人告诉我说我非常成功，我被要求继续，但我说：

第七课
1958年精神分析技术研讨会

"不，非常感谢。"现在，如果我觉得自己和受治者一样精神病，那我真的没有感觉会有所帮助。

莫里森博士： 不，那不是我的意思。我的意思是，如果您感到焦虑，那时候受治者是否不需要将您置于该位置？这就是我对这个特殊孩子的感觉（大概是她在间隔中描述的那个孩子），她现在需要我在场，所有这些压倒性的东西都在我面前，但不是不知所措。

克莱因夫人： 嗯，这当然是阐释的一部分。如果我没有记错的话，在我描述的情况下我确实阐释了他感到受到威胁的情况。他感到受到我的威胁，但我提醒他，他叔叔对他有多威胁。现在他以为我在他的手中，而他却害怕让我恐惧。从这个意义上讲，您可以说我使用了他在我体内制造恐惧的想法，但是您知道的只是一部分。

莫里森博士： 是的，那是我的意思。这是受治者的线索。它有助于我们识别受治者当时需要您成为什么样的人。一个有令人恐惧的经历但实际上并没有因此而感到恐惧的人。

克莱因夫人：是的，但是如果他需要我有一个令人恐惧的经历，那我就被吓到了，那是真的。尽管这并没有真正阻止我继续学习材料。但是，如果我感到害怕，那么我宁愿尝试理解为什么我变得如此害怕，为什么我遵循受治者的意愿？如果我想了解受治者，我会感觉自己好多了。当然，部分原因是他想吓我。我认为我不太同意它是如此有用，我的意思是，这在一定程度上是不可避免的。

我仍然认为，当精神分析师认为他们身上发生的事情可以指导受治者身上发生的事情时，就会被误导。我不知道自己是否清楚，但我只能说我个人对此没有多大用处。这可能是一个定义问题，因为莫里森博士为我们提供了这样一种情况的实例：分析师肯定会激起某些感觉，当然是。但是它们是用来干什么的呢？真的，这就是我的观点。它们是用来引导我了解受治者材料的，还是向我展示一些我必须首先应对的东西。例如，因为一旦我确实受到惊吓，如果那个男人认为我对他感到害怕，如果我变得沉默或我被焦虑所压倒，那么他可能会相信他已经影响了我。

第七课
1958年精神分析技术研讨会

莫里森博士： 是的。

克莱因夫人： 但是，尽管我同意我处于焦虑状态，而且这种情况持续了整整一周，但这并没有阻止我分析他。有一次，在一个例子中，他问我一个男同事的名字，因为他当时的恐惧与向女人的积极移情有关。正是这种焦虑激起了人们的焦虑，使他想要一个男同事的名字，而我与当时也没有休假的人取得了联系。受治者问："我们现在要变成三岁吗？"我说是的，我给了他这个同事的名字和地址，但他从未使用过。我把它交给他就足够了。他也很难离开我，回首过去，我想我真的对那个男人产生了积极地调动。如果我不知所措，我真的感到无法应付。

莫里森博士： 现在，我认为这是我要表达的主要观点，正是因为焦虑症的存在困扰了您，但您并没有为此感到不知所措，这使您能够看到受治者需要并且尝试去做。

克莱因夫人： 我认为在这个主题上我们不应该花太长时间，因为我相信对此会有不同的看法，而且我恐怕无法完全表达我的意思。我想说的是，我真的不相信这是因为他使我处于焦虑状态,因此我能够更好地理解他。这就是我的意思。我觉得他让我处于焦虑状态,因为他很高,因为我注意到他和我以前所面对的完全不同。他是完全不同的人,这是我认为可能导致危险的事实。但这并没有帮助我了解他内心发生的一切。帮助我的是,我记得他受到叔叔的逼迫。我认为他告诉了我一个被恐吓或迫害的例子,我对他的担心给了我一些阐释,因为他担心我会把他送回庇护所。作为回应,他问:"然后你要把我送回庇护所吗?那儿有焦虑。"现在,并不是真的因为我觉得他可能很危险而导致我做出这种阐释,而是因为我已经开始了解他自己的心理。

8. 您能讨论链接的所有问题吗?

克莱因夫人:这个问题很有趣。我希望我能回答。现在,任何觉得它的人都可以写一本有关链接的书。我确实相信,链接过程是分析中的关键点之一。

第七课
1958年精神分析技术研讨会

也许我们更好地理解了这一点，因为我们更好地理解了分裂。我们现在知道，对于受治者而言，既需要分裂又需要整合。

当我们的阐释"悬而未决"时，就是说，我们先给出一种阐释，然后再给出另一种阐释，它们之间没有任何联系，也与上一届会议上所说的没有任何联系，并且该届会议结束时与发生的事情之间没有任何联系。从本教程的开头开始，我们就没有完成链接任务。当我们牢记我自己很早就称为"潜意识的线程"时，我们便无济于事。然后我们知道，现在看来可能完全不同的结果与本次会议的开始有联系。后来，在本次会议的两三点时，我们还记得上一届会议的发言或三个月前发生的事情。我不是说单词，而是整个心情，尽管有时我们还记得实际的单词。或者，我们突然想起一个梦，这个梦完全澄清了我们刚刚听到的情况，并将它们联系起来；那么我们帮助受治者带来了一定程度的整合和综合，这是分析中最重要的任务之一。这些阐释虽然可能是正确的，但仅涉及我们所看到的内容的一部分，而没有将其与整个情况以及我们之前所看到的内容联系起来，这是不够的。

现在，我们可以将该明喻作为链接的图像。画面变得越来越饱满，因为我们将一种情况与另一种情况联系起来，将一种材料与另一种情况联系起来；因为我们回到了很早就预示了某些东西的材料，这些东西现在变得更加独特。

所有这些都是联系在一起的，其后果是无限的，因为分裂是无限的。当我们了解所有关于分割的知识时，我认为我们目前还远远不了解，我们将能够理解通过链接填充图片时发生的情况。

这将我们带到了整个整合问题及其引发的焦虑中。因为在整合时会引起极大的焦虑，所以我们有时会发现受治者在这一刻要完全退出，因为他不能忍受面对，这太痛苦，太恐惧了，可能无法忍受。否则我们可能会发现他继续谈论完全不同的事情。现在我们该如何链接呢？即使它似乎完全偏离了刚才所说的内容，我们也必须倾听我们所告诉的内容。受治者可能强烈反对它，或者将其投影到其他人或精神分析师身上。但是，如果我们牢记分裂恰好发生在整合的那一

第七课
1958年精神分析技术研讨会

刻，我们将更好地知道如何进行。我们将了解受治者如何逐渐变得能够承受整合。

当发生集成失败时，必须考虑到链接的另一个方面。我知道对分析行为的定义是使有意识的东西变为潜意识的，这是一个非常笼统的定义，尽管它仍然是正确的，但是我想也可以说，心理分析的目的是帮助受治者将分裂联系起来分离自己的一部分，包括他的冲动，以及分割他的物体的一部分，以使它们聚集在一起并团结起来。现在，这经常是自相矛盾的，因为正如我所说，在融合的那一刻，人们可能会感到自己非常焦虑。我们一定不要忘记那时发生了什么，因为在以后的阶段，当受治者更能忍受它时，它可能会返回并且更易于管理。

莫里森博士：我是否以此为依据，每当您做出阐释时，如果您确实看到与某事物的联系，便赞成将其纳入阐释中？

克莱因夫人：是的。在整个分析过程中，我们不能一直这样做，因为我们的阐释太长了。我们无法做到这一点，因为我们必须给受治者提供发言的机会并带来更多的材料。让我们说，通常将上届会议结束时所听到的与今天所听到的联系起来就足够了。但是，有时候我们不得不做更多的事情，提醒受治者在第二或第三个小时他提出了这个或那个想法，现在他无法忍受，因为它已经出现了更深的层次。

例如，受治者来说我知道我极具破坏力，或者我知道我没有爱心。他将此视为一种有意识的信念。但随后，在分析中，可能会出现与精神分析师有关的情况，使我们回到他与母亲的关系，以及对被杀害她或想要杀害她的真实感觉，这种感觉常常在不知不觉中被认为是同样的事情。然后，我们面临着完全不同的情况，受治者可能无法忍受，不是因为他没有感觉，而是因为他无法忍受与分析师有关的现在出现的感觉。然后，当我们给出阐释时，我们也许可以将其与受治者意识到自己如此具有破坏性的场合联系起来。当然，到那时，我们已经能够带出一些以前被拒绝的爱。实际上，只有当我们以这种方式表达爱意时，这种融合才有可能。

曾经有一段时间，我感到非常难受，因为我在展

第七课
1958年精神分析技术研讨会

现侵略的重要性方面所做的工作使一些分析家的行为仿佛除了侵略外什么都看不见。我感到非常绝望。在社会的研讨会和会议上，我听到的只是侵略，侵略和侵略。

现在，您根本无法做任何事情，因为要点是，只有在修改和减轻侵略后才可以容忍侵略，而这种侵害只有在您发挥爱的能力时才会发生。冲突之所以如此之大，是因为它是一个被破坏的亲人物品，在这种情况下，我们必须回头谈谈那些充满爱或恨的物质。但是，当然，我们不能在每个会话中都这样做，因为正如我所说的那样，它将占用整个会话。并非每种情况都需要如此全面的阐释，但是有时候我们确实必须给出完整的解释。

9. 您认为弗洛伊德的自由流动注意力是什么意思？

克莱因夫人：现在，自由流动的注意力变得更容易了。弗洛伊德将分析师的态度描述为自由流动的关注之一。

　　我想我已经对这个问题发表了评论。弗洛伊德的意思是，人们应该努力使自己的注意力自由浮动，并且与受治者保持联系，而不是专注于自己，而是专注于受治者。不应将注意力集中在受治者以外的事情上，尤其不要被自己的麻烦所影响。自由流动的注意力是一种奇妙的表达，使我们能够将它与受治者联系起来。我认为这是他不能总是实现的目标，也许今天比那时更容易实现。

10. 您在多大程度上主张在阐释中使用反向移情？

　　克莱因夫人：我已经回答了"您在多大程度上主张在阐释中使用反向移情"这个问题，至少我认为我已经回答了。我是否满意地回答是另一回事，而且恐怕我离开了你们中的一些人，感觉自己并不清楚自

第七课
1958年精神分析技术研讨会

己,也不同意我的看法。但这没关系。我至少已经尽我所能了。

11. 您能否对精神分析师进行投射识别的主观经验说些什么?

克莱因夫人: 这里有一个问题:"您能谈谈投射识别分析师的主观经历吗?"我也已经回答了,但我仍然可以在此基础上做一些说明。我认为,这正是使精神病学(尤其是精神分裂症)的分析变得如此困难的要点,即难以对他们进行暴力的投射识别。实际上,只有通过充分了解投射识别的过程,精神分析师才能保护自己免受被干扰的感觉。那是反向移情的一部分。

的确,受治者强烈地想让自己进入分析师与他混在一起,并将他所有的沮丧,侵略,暴力等都放入分析师。我敢肯定,这就是为什么精神分裂症受治者的分析会更加累人的原因,即使人们已经能够防御这种情况。在某种程度上，我的意思是，这并不是说一个人并非绝对没有对此做出回应，而是觉得它正在发生。我还列举了一个非常贪婪的受治者，他不断前进，我们一直感到他无法从我们身上得到足够的帮助。这也可以使我们更加疲倦。

我并不是说这不累，而是更累；这意味着它确实有效果。但是通过了解什么是投射识别以及它是受治者疾病的一部分，可以限制效果并可以更好地控制这种效果。他别无他法，只能投入我们。但是我认为他对投射识别的了解越多，分析师面临的屈服危险就越少。我敢肯定，当人们对该过程知之甚少或根本不了解时，这很大程度上阐释了为什么认为无法进行精神病学分析的原因。分析师不仅不知道该如何对待受治者，还忍受不了。他无法获得积极地调动，因为他感觉到的是，受治者不断地向他推来，向他推。他真的不知道发生了什么，或如何处理。我相信，投射识别的知识为一些同事提供了他们现在非常有能力分析精神分裂症的手段。他们对此有更多了解。它仍然具有累人的作用，但是由于我们对投射识

第七课
1958年精神分析技术研讨会

别的了解,并且它是受治者疾病的一部分,因此我们可以对其加以限制并使其更加受到控制。除了将这些感受带入我们之外,他别无选择,因为那确实是他的机制,这是他的方法。

我个人有多少反应,我们是否感到不知所措,我个人感觉取决于我们。我发现在一个受治者和另一个受治者之间待五到十分钟非常有帮助,因为在那个时候分析师重新融入了自己。因为发生了其他事情,所以这与我之前所说的关于反向移情的内容有所回落,并有助于我进行反向移情。

正在进行另一个过程,因为精神分析师也将自己投射到受治者身上,直到某个点。如果我们要正确地了解他,那是不可避免的。但是,如果过多,该过程将破坏分析。对受治者投入过多的分析师无法区分受治者正在发生的事情和自己正在发生的事情。这种混杂的业务不会导致受治者得到帮助,只会对精神分析师有害。我将自己投射到受治者身上,以便找出他身上正在发生的事情,但这与将自己投射到受治者身上以贪婪地取出他的所有东西完全不同,也就是说,就像他对我所做的一样。投射识别的动机很多。

因此，我确实相信，受治者之间相隔五到十分钟，看一眼或阅读一些东西并重新融入社会是一件好事。受治者已经摆脱了困境，一个已经从受治者的感染中恢复过来，并且准备与下一个受治者进行相同的过程。

一个人是否真的可以限制这一过程，在很大程度上取决于分析师的稳定性，这也是我早些时候提出的将反向移情保持在一定范围内的观点。在这里，经验非常有帮助，因为我不相信任何人起初不会对第一位或第二位受治者如此强烈地使用投射识别感到不知所措。人们必须找到解决方法，尝试可以解决的问题；但这是一个古老的故事，稳定性是能够进行分析的非常重要的条件。

现在，我不知道我是否已经很好地回答了我的问题并通过了考试，但是我很愿意回答其他问题并接受批评。

甘米尔博士：我想知道克莱因夫人，如果您会感到同情确实在一定程度上涉及到这些机制，那就是将

第七课
1958年精神分析技术研讨会

自己投射到受治者身上并至少接受他或她的投射识别样本。

克莱因夫人：我想我会的。我认为，移情的过程是通过投射识别的方式发生的。我认为这是安娜·弗洛伊德提出的观点之一，不是称其为投射性认同，而是称其为对受治者的同情或同情。我认为没有其他方法可以做到。一个人说"一个人穿上别人的鞋子"，在语言中有太多的事情表明，要了解另一个人，您必须投入自己，或者至少要把自己的一部分融入另一个人。也就是说，它也适用于普通生活。

莫里森博士：我想说把自己放在受治者身上和自己放在受治者立场上是否是同一回事。

克莱因夫人：我认为事实并非如此。我认为这是要让自己处于那个特定位置的受治者。

利博士：但这与把自己放在鞋子里不一样，是吗？那就是外行和分析师之间的区别。外行确确实实把自己放在另一人的鞋子上，因此代为行事。那不是找出对方的举证，而是真正成为对方。

克莱因夫人：那么，我们将再次讨论投射识别的程度和性质，这仍然是一个巨大的话题，并且有待进一步研究。关键是要使用何种程度的投射识别，其动机是什么？那是非常重要的。在这里，我们遇到了分析师的一个众所周知的错误，他们突然变得代表受治者非常活跃，因为他们已经成为受治者。如您所说，它们就在他的鞋子里，在那里，动机和认同程度非常重要。在某种程度上，我认为这样做对您有帮助并了解受治者，但是重新整合的问题非常重要，以便能够将其充分收回以进行思考，"现在我了解了发生了什么受治者"和"现在我又是我自己"。

或者，如果我把受治者带到了正确的地步。我会被受治者完全淹没吗，我会变成受治者吗？发生这种情况的原因很明显，它是基于内嵌和投射的。我真的是受治者吗，受治者在说我吗？如果发生这种情况，那么当然就已经出错了。

格拉密尔博士：那么，这意味着控制程度至关重要。您是自己掌控还是让自己受到控制？

克莱因夫人：是的，我要说的是，即使我希望受到控制也不是很好。我将自己投射到他身上并不是为

第七课
1958年精神分析技术研讨会

了控制他，而是要看他身上正在发生什么，并能够理解他。重要的不仅是程度，还有动机。如果是为了控制他，是因为我对他作为一个人非常不满意，并且非常希望改变他，因此将自己置身于他之中，那么我将使他成为一个更好的人，那么我相信它完全出错了。

我们知道使用的是这样的技术，教育学的技术是一种，提供建议或试图影响受治者的技术。动机应该是为了受治者而了解受治者，但不能排除对知识的渴望，这在分析中也是如此重要。任何不了解别人思想的人都不能成为一个好的分析家。这也是分析过程的一部分。弗洛伊德经常说他不想治愈，而他想要的就是找出答案。我不相信这是真的，而且我认为他高估了好奇心和科学兴趣，并低估了他希望提供帮助的原因，因为他的一些案例显示了希望提供帮助。

格拉密尔博士：在伊尔玛的梦中，弗洛伊德感到非常不安，因为他觉得自己没有帮助。

克莱因夫人：我们必须记住，目前，帮助受治者比现在更加困难。该技术尚未发展到现在的程度，并且也缺乏大量的理论知识。我可以提供帮助的问题也导致失败的问题。当然，如果失败占主导地位，那么人们会因失败而灰心。如果他们不是主要的人，那么不要灰心。人们接受这样一个事实，那就是总不能治愈所有人。这就是为什么成功的分析如此令人鼓舞的原因，因为它给人一种可以提供帮助的感觉。这就是为什么经验很重要的原因，因为我们意识到一个人不是万能的，一个人不能改变所有人，但是一个人可以帮助很多人。有时甚至最困难的受治者也可以得到帮助。